随机共振信号检测技术及其在跳频通信中的应用

李召瑞 郭宝锋 孙慧贤 崔佩璋 刘广凯 著

国防工业出版社

·北京·

内 容 简 介

本书将 DSFH 通信体制与随机共振理论结合，构建通信信号接收系统，针对方法可行性、系统可用性等问题，研究了脉冲型噪声模型构建方法、随机共振系统构建与性能度量方法、基于随机共振的 DSFH 通信系统构建与性能度量、系统动态性能等相关问题，该研究对实现一种抗干扰性能好、适合极低信噪比条件下通信、适合应急条件下保底通联的技术手段具有重要意义。

本书可为信息与通信领域的一线科研人员、相关领域的研究者和高校的人才培养提供智力支持，为跳频通信系统优化与设计提供理论和方法支撑。

图书在版编目（CIP）数据

随机共振信号检测技术及其在跳频通信中的应用 / 李召瑞等著. —北京：国防工业出版社，2024.5
ISBN 978-7-118-13279-3

Ⅰ.①随… Ⅱ.①李… Ⅲ.①共振—信号检测—应用—跳频—通信系统—研究 Ⅳ.①TN911.23②TN914.41

中国国家版本馆 CIP 数据核字（2024）第 096329 号

※

国防工业出版社出版发行
（北京市海淀区紫竹院南路23号 邮政编码100048）
三河市天利华印刷装订有限公司印刷
新华书店经售

*

开本 710×1000 1/16 插页 8 印张 10 字数 175 千字
2024 年 5 月第 1 版第 1 次印刷 印数 1—1400 册 定价 99.00 元

（本书如有印装错误，我社负责调换）

国防书店：(010)88540777　　书店传真：(010)88540776
发行业务：(010)88540717　　发行传真：(010)88540762

前 言

军事用频装备、民用电气化设施设备的广泛应用，战场无处不在的主动、恶意干扰等因素造成战场电磁环境非常复杂，研究一种抗强干扰、适应极恶劣电磁环境条件的通信手段非常必要。对偶序列跳频（Dual Sequence Frequency Hopping, DSFH）提供了一种"信道表示消息"的通信方式，可基于先验知识对低信噪比通信信号进行有效处理，抗干扰能力强。而随机共振作为非线性处理领域的新兴技术，能够利用噪声能量去提高被检测信号信噪比，适用于解决低信噪比条件下的通信信号检测问题。基于此，本书研究随机共振信号检测技术及其在跳频通信中的应用，以期为跳频通信系统优化与设计提供技术支持。

本书共分为 7 章。第 1 章为绪论部分，介绍研究的背景和意义，综述了 DSFH 通信研究现状与机理以及随机共振理论研究动态。第 2 章针对随机力作用下的非线性系统分析问题，研究了随机共振系统分析方法。第 3 章针对战场无线通信噪声环境，研究了基于 α 稳定分布的脉冲型噪声条件构建方法。第 4 章针对 DSFH 通信系统的随机共振接收环节，研究了经典双稳态系统下 α 稳定分布噪声和低频周期信号的随机共振问题，并构建了 α 稳定分布噪声下随机共振检测模型。第 5 章研究了基于随机共振的 DSFH 通信信号接收系统的结构设计与实现、结构优化、性能度量等方法，并基于软件无线电平台，对 DSFH 通信系统的实现进行了验证。第 6 章研究随机共振动态特性和系统可达通信速率问题，并对脉冲噪声条件下系统通信速率进行了量化描述。第 7 章为总结与展望。

本书由陆军工程大学石家庄校区的李召瑞、郭宝锋、崔佩璋、孙慧贤及北京跟踪与通信技术研究所的刘广凯编写。其中，第 1、2 章由孙慧贤编写，第 3 章由李召瑞编写，第 4 章由郭宝锋编写，第 5 章由刘广凯编写，第 6、7 章由崔佩璋编写。全书由李召瑞、郭宝锋统稿。

由于作者水平有限，书中难免有不妥之处，敬请专家和读者批评指正。

作 者

2024 年 1 月于陆军工程大学石家庄校区

目 录

第1章 绪论 ··· 1
1.1 研究的背景与意义 ··· 1
1.1.1 低信噪比无线通信需求分析 ······································· 1
1.1.2 本书提出解决问题思路及研究意义 ································· 2
1.2 DSFH通信研究现状与机理 ·· 4
1.2.1 DSFH通信发展与研究现状 ·· 4
1.2.2 DSFH通信系统基本工作原理 ······································ 6
1.3 随机共振理论研究发展与现状 ·· 7
1.3.1 随机共振理论的发展 ··· 7
1.3.2 随机共振理论的应用研究 ·· 12
1.4 本书研究内容与安排 ·· 16

第2章 随机共振系统分析方法研究 ·· 18
2.1 物理学运动粒子分析的一般方法 ······································ 18
2.2 郎之万方程与福克-普朗克方程 ······································· 20
2.2.1 郎之万方程 ·· 21
2.2.2 福克-普朗克方程 ··· 22
2.3 概率密度求解与数值仿真方法研究 ···································· 26
2.3.1 傅里叶-拉普拉斯逆变换法求取概率密度 ·························· 26
2.3.2 有限差分法求解概率密度 ·· 31
2.3.3 数值仿真方法研究 ·· 34
2.4 典型随机共振系统分析方法研究 ······································ 35
2.4.1 经典双稳态系统模型 ·· 36
2.4.2 绝热近似理论下SR系统输出信噪比的求取 ························ 37
2.5 本章小结 ·· 42

第3章 基于α稳定分布的脉冲型噪声条件构建研究 ······················ 43
3.1 脉冲型噪声模型选择 ·· 43
3.2 α稳定分布性质与随机数生成 ··································· 45

3.2.1　定义 ··· 45
　　　3.2.2　α稳定分布概率密度函数求解 ······································ 46
　　　3.2.3　α稳定分布随机数的生成 ·· 49
　3.3　α稳定分布参数估计 ·· 50
　　　3.3.1　非高斯性判定和对称性判定 ··· 51
　　　3.3.2　分数低阶矩法参数估计 ··· 54
　　　3.3.3　参数估计精度验证 ·· 57
　3.4　基于实测电磁环境数据的参数估计 ··· 60
　　　3.4.1　环境构建与数据采集 ··· 61
　　　3.4.2　参数估计与验证 ·· 62
　3.5　本章小结 ·· 65

第4章　α稳定分布噪声下随机共振检测模型构建研究 ························ 66
　4.1　对称双稳态系统随机共振理论分析与验证 ································ 66
　　　4.1.1　双稳态势系统变化与粒子跃迁 ······································ 66
　　　4.1.2　随机共振系统信号输出理论求解 ··································· 69
　　　4.1.3　接收信号分析与随机共振现象验证 ································ 73
　4.2　对称双稳态系统参数优化选取与性能分析 ································ 76
　　　4.2.1　随机共振系统性能度量指标 ··· 76
　　　4.2.2　噪声脉冲性对共振效果的影响分析与参数优化 ················ 79
　　　4.2.3　噪声偏斜度对共振效果的影响分析 ································ 82
　4.3　对称三稳态系统的随机共振检测模型与性能分析 ······················ 83
　　　4.3.1　对称三稳态系统检测模型 ··· 83
　　　4.3.2　噪声脉冲性对共振效果的影响分析 ································ 84
　　　4.3.3　噪声偏斜度对共振效果的影响分析 ································ 85
　4.4　非对称三稳态系统的随机共振检测模型与性能分析 ··················· 86
　　　4.4.1　非对称三稳态系统模型 ··· 86
　　　4.4.2　噪声脉冲性对共振效果的影响分析 ································ 87
　　　4.4.3　系统参数优选 ·· 88
　4.5　本章小结 ·· 90

第5章　基于随机共振的DSFH信号检测接收系统构建研究 ················· 91
　5.1　DSFH通信系统信号接收模型 ·· 91
　5.2　归一化尺度变换方法及影响分析 ·· 93
　5.3　SR系统与检验统计量构建 ··· 95
　　　5.3.1　基本结构 ·· 95

VI

  5.3.2 尺度变换后参数选取与共振性能分析 ················· 96
  5.3.3 检验统计量构建 ································· 103
  5.3.4 检测接收性能分析 ······························· 104
 5.4 检验统计结构优化设计 ································· 108
  5.4.1 基于广义能量多项式的检测接收结构 ················· 109
  5.4.2 检测接收性能分析 ······························· 113
  5.4.3 基于符号函数的接收结构优化与性能分析 ············· 116
 5.5 基于软件无线电平台的通信系统验证 ····················· 117
 5.6 本章小结 ··· 119

第 6 章 随机共振信号检测接收系统动态性能研究 ··············· 120
 6.1 信号动态演化过程分析 ································· 120
 6.2 平均首次穿越时间的一般求取思路 ······················· 122
 6.3 高斯白噪声与周期信号作用下的 MFPT ··················· 124
 6.4 α 稳定分布噪声条件下的 MFPT 求取 ······················· 126
  6.4.1 路径积分法求取输出信号概率密度 ··················· 126
  6.4.2 平均首次穿越时间求取 ····························· 129
 6.5 MFPT 对系统通信速率影响分析 ························· 130
 6.6 本章小结 ··· 135

第 7 章 总结与展望 ·· 137
 7.1 研究成果与创新 ······································· 137
 7.2 下一步需要深化研究的问题 ····························· 139

参考文献 ··· 141

第 1 章　绪　　论

1.1　研究的背景与意义

1.1.1　低信噪比无线通信需求分析

当前，基于信息系统体系作战已成为现代战争的重要模式，信息系统主要由情报侦察、指挥控制、通信、电子对抗、综合保障等分系统构成，作战过程中需要依托通信系统实现各分系统的融合一体，从体系上压制敌人。要达到各个分系统互联互通的目标，实时、快速、可靠的通信是重要支撑。但是在强敌对抗条件下，通信能力被强力压制，甚至出现大范围通信失效是非常可能的，此时，在恶劣电磁环境条件下实现最低限度的通信成为首要目标。本书即是针对此类应急、保底通信手段开展研究。

当前战场通信主要分为有线通信和无线通信两大类，有线通信包括被复线通信、光纤通信等，有线通信快速可靠但布设、展开时间比较长，不适合现代战争灵活、机动的作战需求，所以无线通信越来越成为战场环境中重要的通信手段。无线通信主要是借助各种无线通信设备，将需要传输的数据、话音转换成适合于在无线信道上传输的信号进行通信，主要包括短波通信、超短波通信、微波通信、卫星通信等，当前基于移动 4G、5G 技术的通信系统也开始得到应用。与微波中继通信、长波通信、卫星通信等通信方式相比，短波、超短波通信具有设备便携性好、开设组网便捷、隐蔽性强、成本低廉等优势，已成为战术通信采用的主要方式，应用最为广泛。

在战术战役级别，各型具有通信需求的装备都配备了短波、超短波电台，短波、超短波电台也是单兵通信的主要手段。既定的作战时空中，敌我双方电子对抗、雷达、通信、导航、敌我识别等各种武器装备同步释放出高密度、高强度、多频谱电磁波，大量民用电力设施、电气化设备等持续辐射，自然界产生的电磁波随气候、天候条件随机变化，电台除了需要对抗敌方干扰外，还需面对日趋复杂的电磁环境。为增强电台抗干扰能力，保证其在比较差的电磁环境中也能够正常通信，各种抗干扰技术得到研究和应用。其中扩展频谱通信

（Spread Spectrum，SS）是当前采用的主要抗干扰技术。扩展频谱通信系统采用的扩频方式包括直接序列扩频、跳频、跳时等，在多种方式中，综合考虑带宽需求、系统实现复杂度、用户容量、抗干扰能力等因素，跳频通信成为短波、超短波无线通信采用的主要技术体制。

常规跳频通信一般采用先基带调制再进行跳频载波搬移的工作方式[1]，发射时，发送数据在基带被调制为调制信号，跳频图案控制频率合成器生成伪随机跳变载波频率，与调制信号混频后，从天线发射出去。接收时，在同步状态下，相同的跳频图案控制生成同步的载波信号，与射频前端接收的射频信号混频得到中频信号，对中频信号解调得到接收数据。从本质上讲，跳频通信技术通过控制通信信号载波频率伪随机跳变，采用"躲避"的方式对抗各种窄带阻塞干扰，由于通信不再依赖于单一频率，即使个别频率被干扰的条件下仍然可以正常通信，具有较强的适应性和健壮性。但是随着通信对抗技术的发展，多频干扰、跟踪干扰等新的干扰模式也不断涌现和升级。以跟踪干扰为例，国外现有跟踪干扰机可在保持每秒30GHz搜索带宽的速度下监视临近的80个信道，跳频速度可达5000跳/s，干扰能力非常强且具有针对性，跳频电台的抗干扰性能被大大制约。为增强跳频系统抗干扰能力，分集接收[2]、信道编码[3]、交织[4]等方法得到研究与应用，针对跟踪干扰，不等时间间隙跳频[5]、自编码扩频[6]等新跳频技术得到应用，但是这些方法均属传统跳频通信技术框架内的改进，为受到干扰影响后采取的补救技术，系统抗干扰能力难以得到根本提升，所以迫切需要研究一种新的通信技术体制，弥补当前系统在强干扰条件下通信能力的短板，实现战场对抗中保底通联的目标。

除此之外，隐蔽通信、超远距离通信等新概念也对无线通信技术研究提出了新的需求，隐蔽通信要将通信信号隐藏在环境噪声之下，要求通信信号非常小，甚至淹没于环境噪声之中，从而减小被侦测的概率；超远距离通信指在超出传统通信距离指标，通信信号衰减非常严重的情况下，以牺牲通信速率等指标为代价实现的战场通联。可以认为，传统抗干扰通信、隐蔽通信、超远距离通信等技术可归结为一个共同的目标，即低信噪比（Signal to Noise Ratio, SNR）条件下的无线通信。虽然几种应用场景都属于低信噪比条件通信，但是在抗干扰通信中也会存在强干扰下大通信信号的情况，针对此类通信条件，可整体作衰减处理后再进行处理，这样三类场景均可归为低信噪比条件下的微弱通信信号接收问题进行研究。

1.1.2 本书提出解决问题思路及研究意义

此类低信噪比通信的应用，多发生于极恶劣的电磁环境条件或强对抗、强干扰的条件下，为非常规通信应用场景。针对此类问题的解决，一个主要的技术途径是通过牺牲通信效率换取通信可靠性，达到保底通联的目标。对偶序列跳频（Dual Sequence Frequency Hopping，DSFH）通信即是近些年提出的一种强抗干扰通信模式，其主要设计思想是，用信道状态来表示传输码元，达到数据传输的目标。DSFH方式下，收发双方均有两个信道，分别代表数据"0"和"1"两种状态，当发送数据"0"码时，"0信道"作为数据信道发送频率信号，"1信道"作为对偶信道不发送频率信号，反之亦然。发送频率按照跳频图案跳变，一个跳频图案包含多个频点，每发送1位数据，占用1个频点，两个发送信道的跳频序列是正交的，不会出现同一时刻两个信道发送同样频率信号的情况。接收方按照相同的跳频图案以两个信道并行接收，根据"0信道"或者"1信道"有无预定载波信号判断接收的数据为"0"或者"1"。该通信方式通过信道的固有特征表示消息，即通过载波信号的有无来判定数据。在DSFH通信方式下，参照一般跳频通信系统构建的原理，针对天线接收的射频信号一般先作超外差处理，得到DSFH中频信号，此中频信号可根据通信需求预置，一般为单频正弦信号，所以其频率特征是已知的。DSFH通信信号检测是一种针对已知信号、具有先验知识的检测，其次，对比传统跳频系统，信号接收后不需要中频信号进行二次解调环节，接收信号质量要求更低，所以该通信体制抗干扰能力先天更强。将这种抗干扰通信方法用于低信噪比通信，系统通信信号的接收问题就转换成了低信噪比条件下已知信号存在性的检测问题。

本书引入随机共振（Stochastic Resonance，SR）作为信号检测工具，随机共振借用了物理系统和机械系统中共振的概念，特指一种非线性物理现象，当信号、噪声与非线性系统三者匹配时，噪声可通过非线性系统对信号起到积极的增强作用，即实现了噪声能量向信号能量的转移，达到信噪比提升的目的。当前，随机共振作为一种微弱信号增强、微弱信号检测的理论已经越来越成为研究热点。由于DSFH通信体制下，通信信号接收的关键在于已知微弱信号存在性的检测，与随机共振理论适合解决的信号检测问题非常匹配，本书将对偶序列跳频通信体制与随机共振检测技术结合起来，随机共振的三大要素包括微弱信号、噪声和非线性系统，DSFH接收的通信信号作为其微弱信号输入，噪声条件则为系统工作的电磁环境噪声，设计合适的非线性系统，通过解决DSFH与SR系统信号适应性匹配问题，噪声模型与通信环境噪声匹配问题，系统结构参数与微弱信号、噪声匹配问题，SR动态性能与通信速率需求匹配问题等，达到诱导发生共振、提高信噪比、实现信号检测的目标，探索实现一种适合低信噪比条件下的通信信号检测接收方法。

本书主要研究应用随机共振实现DSFH通信信号接收的相关理论和方法，

以随机共振系统为核心建立信号检测结构，在 DSFH 体制下构建通信信号接收模型。不同于传统研究大多基于高斯白噪声条件开展，本书噪声环境选择与通信背景更加匹配的脉冲型噪声，首先针对战场环境噪声的特点，选择 α 稳定分布作为噪声模型，针对实装条件采集了典型工作场景下的电磁环境数据，并基于 α 稳定分布进行参数估计，一定程度上探索、描述了接近通信噪声环境的 α 稳定分布参数范围与特征。然后，以 α 稳定分布噪声作为噪声模型，以符合随机共振需求的微弱小信号为输入信号，针对性设计随机共振系统结构，优化参数体系，验证随机共振信号检测的可行性并度量其性能；依托前面成果，在 DSFH 框架下构建通信系统，研究随机共振系统与 DSFH 差频产生的中频信号匹配问题，优化系统结构，研究系统接收性能，并对系统适用信噪比条件、可达误码率水平等指标进行量化度量。最后针对系统可达通信速率问题，研究系统的动态性能，为系统实际应用提供指标支撑。

研究内容是随机共振理论、微弱信号检测理论在通信领域的拓展应用，其核心是随机共振信号检测，最终性能标准则面向 DSFH 通信系统，在"通信效率换可靠性"的指导思想下，实现了极低信噪比条件下应急通信关键技术研究的理论验证，在确定 DSFH 通信模式可用性和性能度量方面完成了基础性研究工作。研究成果可以基于软件无线电平台实现转化应用，在战场电磁环境日趋复杂、战场频谱资源日益紧张的情况下，用以实现一种抗干扰性能好、适合极低信噪比条件下通信、适合应急条件下保底通联的技术手段具有重要意义。

对偶序列跳频通信是近些年提出的新通信模式，其研究应用还处于探索阶段，对于此技术大家知之较少，而随机共振技术理论性很强，国内外研究人员虽然比较多，但是研究点非常分散，为便于后续相关问题的分析，下面首先对 DSFH 的研究现状和基本原理，随机共振理论研究的发展现状等进行介绍，并对随机共振在信号检测方面的应用着重阐述。

1.2 DSFH 通信研究现状与机理

1.2.1 DSFH 通信发展与研究现状

跳频电台的跳频通过载波按照跳频图案伪随机跳变实现，相对于调频电台，增加了干扰方获取频率和跟踪频率的难度，一定程度上起到了抗干扰作用。跳频通信存在两大威胁，一是主动干扰，二是电磁空间中存在的强随机噪声。干扰按照其特征可以分为部分频带干扰、多音干扰和跟踪干扰。一般跳频通信系统的频率跳变并非全频段任意频率的跳频，而是在一定带宽内实现的多频率点切换，所以干扰方最常用的是通过频谱探测确定频带范围，在频率跳变的带宽内，确定频点集中能量进行窄带干扰，这就是部分频带干扰。多音干扰与部分频带干扰类似，干扰方需获取多个通信频点，通过随机干扰的方式干扰多个频点，但是其平均干扰能量会小于单频带干扰方式。相对于这两种干扰，跟踪干扰技术实现难度最大，但是干扰效果最好。跟踪干扰就是干扰信号跟随跳频频率跳变，始终锁定对方通信系统当前频率进行精准干扰，达到瘫痪其通信系统的目的。除主动干扰之外，由于敌我双方大量无线通信设备的使用，各种民用通信、电气化设施的普及，以及大自然中存在的大气噪声、各种电磁辐射等，使得通信的电磁环境日趋恶劣。所以，为保持畅通通信，多种抗干扰方法在跳频通信系统中得到应用。常规跳频通信模式下经常采用分集接收、信道编码、数据交织等方法提高抗干扰性能，通过识别干扰信号，进行干信号消除的抗干扰方式也得到研究应用，这些抗干扰方式大多是在通信系统被干扰的情况下采用补偿手段实现，其工作模式和机理并没有发生变化。

同样针对抗干扰问题，文献[7-8]提出了一种"信道表示消息"的思想，一般信道是用来传递消息的，如无线通信的载波，每个信道都有其物理特征，如果我们用不同的信道来表示消息，接收方只需判断出信道的特征即可获得正确的消息，通信信号的接收将会得到简化。针对二进制数据传输，传输码元分别为 0 和 1，通过传输码元 0 和 1 分别选择两组伪随机序列控制的跳频载波信道，选中的作为通信信道，而未选中的作为对偶信道，接收端通过检测信道占用情况判断所传输的码元，这就是 DSFH 通信的基本思想，其信息加载方式与传统通信方式明显不同：传统通信中，先对码元进行基带调制，再进行射频搬移，其信息加载在基带；DSFH 中，直接以码元选择射频信号，射频信号的出现与否代表发送码元的 0 和 1，其工作方式更像传统的频率键控调制方式。

DSFH 通信模式作为一种新的通信方式，由赵寰博士于 2014 年在其学位论文中首次明确提出，通过详细分析 DSFH 的发射信号形成机理和超外差能量接收过程，建立了发射信号和接收信号模型；结合卷积编码-最大似然比译码和多信道应用场景，分析了在典型信道和不同干扰环境下的误码率性能，建立了 DSFH 的基本理论框架[9]。全厚德、赵寰等在文献[10]中详细分析了 DSFH 通信模式抗阻塞干扰的性能，并将对偶序列的数目扩展到多序列（≥3），得出"对偶序列数目的提高，并不能提高该模式抗阻塞干扰性能"的结论，所以后期研究多采用两个信道对偶的方式。随后，该团队在文献[11]中分析了 DSFH 抗跟踪干扰的性能，并指出 DSFH 与常规频移键控跳频通信（Frequency-Hopping/Frequency-Shift-Keying, FH/FSK）相比，可有效对抗跟踪干扰；同时由于其射频可采用窄带接收方式，与差分跳频（Different-Frequency-Hopping, DFH）相比，可有效对抗部分频带干扰。当前，DSHF 通信信号接收主要采用能量检测的方式，当对应发送频率存在干扰时，数据信道的信号不会被破坏，同时还会被增强，但对偶信道受到干扰频率影响，特别是在信噪比较低的情况下，会引起误判导致误码。针对这一问题，唐志强等[12-13]通过在射频信号中调制线性调频波，给数据信道和对偶信道添加是否占用特征进行改进，王耀北等[14-16]通过在射频信号中调制伪随机特征码区分两个信道，都在一定程度上增强了 DSHF 通信抗干扰能力。传统跳频通信对输入信号信噪比要求在10dB 以上，DSHF 则将其降低到大约 5dB 的水平，但距离我们前面所述的强干扰、极恶劣电磁环境、隐蔽通信、超远距离通信需求还存在差距。针对极低信噪比条件下的通信问题，刘广凯等[17-19]将随机共振引入到 DSFH 通信系统中，主要基于通用高斯白噪声条件，对方法的可行性进行了验证。研究证明，随机共振理论的引入，使得 DSFH 通信系统适用信噪比条件大大降低。

1.2.2　DSFH 通信系统基本工作原理

为方便下文分析，在此首先简单介绍 DSFH 基本原理。在 DSFH 通信系统中，工作频带内有 N 个工作频点，发送端和接收端各有两个信道。在一跳内，每一个信道占据一个频点，基本工作原理如图 1.1 所示。发送端生成两个跳频序列 FS_0 和 FS_1，可认为是互为对偶的信道 0 和信道 1。t 时刻，当发送数据"0"时，信道 0 被使用，FS_0 序列发送的信号为当前频率信号，可以记为 $s_0(t)$；当发送数据"1"时，FS_1 序列发送当前频率信号 $s_1(t)$，发送数据的"0"、"1"交替，使得发射机发送的信号 $s(t)$ 实为 $s_0(t)$ 与 $s_1(t)$ 组合形成。例如，当发送的信号为 $b=(\cdots,1,0,1,0,\cdots)$ 时，实际发送的序列为 $(\cdots,f_1,f_3,f_2,f_0,\cdots)$。

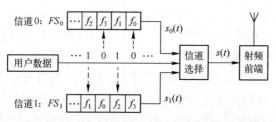

图 1.1　DSFH 通信系统发射机原理图

信号接收过程如图 1.2 所示，系统两个信道并行接收，接收端两个信道的本地跳频序列需与 FS_0、FS_1 分别保持同步，接收的信号 $r(t)$ 首先与接收端 FS_0、FS_1 对应时刻的频率信号进行混频，混频后输出的信号为预置的中频信号 f_p，针对 f_p，传统的频谱分析法即可确认信号的有无。t 时刻，假设 0 信道检测出信号，则接收数据为"0"，假设 1 信道检测出信号，则接收数据为"1"。

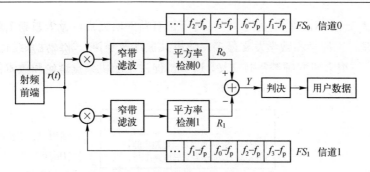

图 1.2　DSFH 通信系统接收机原理图

与常规通信方式相比，DSFH 不需要对中频信号进行二次解调，仅通过信号有无即可判定接收数据，并且由于 f_p 作为预置中频信号，可根据通信需求选择其频率，为已知信号；所以，在 DSFH 通信体制下，中频信号检测单元成为系统的核心组成部分，其主要的功能是在低信噪比条件下实现已知微弱通信信号的检测。本书引入随机共振方法，将接收的 DSFH 中频信号作为随机共振检测目标，在信号被噪声淹没的条件下，实现信号的增强和检测接收。下面对随机共振理论的发展和研究现状进行介绍。

1.3　随机共振理论研究发展与现状

随机共振在 1981 年由意大利科学家 Benzi 等提出，用来解释地球冰川期与暖气候期交替出现的现象[20]。由于这两个气候期交替周期与地球绕日偏心率变化周期相同，科学家考虑这两个周期间存在关联，或是太阳对地球施加了周期变化的作用信号。然而实际上地球偏心率变化导致的这种影响是非常微小的，不足以产生这么大影响。Benzi 等科学家用随机共振理论进行了解释，地球偏心率变化为小信号，太阳对地球随机变化的各种作用为噪声，地球是非线性系统，由于随机共振的发生，这些随机作用大大增强了地球偏心率变化这个小周期信号的影响力，即产生了类似于"共振效应"的现象，很微弱的输入由于非线性系统和噪声的共同作用，产生了很大的输出。这一理论为地球古气象问题提供了一种较为成功的解释，但是很难被证明，这是随机共振的概念被首次提出。

1.3.1　随机共振理论的发展

随机共振理论提出后，主要经历了现象验证、经典随机共振理论、非经典随机共振理论、自适应随机共振理论、随机共振应用等几个发展阶段，至今共发表文献八千余篇，特别是近十年，每年都有新的研究点以及大量新文献出现，其中物理、工程学和数学发文最多。随机共振涉及噪声、非线性系统信号处理等方面，与很多研究领域都有交叉，这些都促进了随机共振理论和技术的发展，其发展过程及关键节点如图1.3所示。

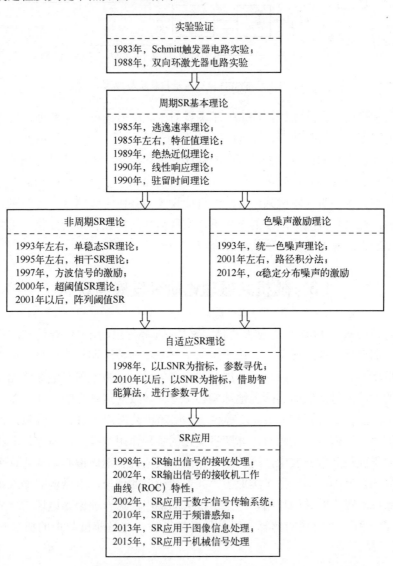

图 1.3 随机共振理论发展过程

1.3.1.1 随机振现象的实验验证

1983年，Fauve和Heslot等在实验室首次用实验验证了随机共振现象[21]，他们在研究 Schmitt 触发器电路时，对触发器施加可调信号，发现在一定噪声强度下，随着输入信号变化，输出信噪比并非单向变化，而是会出现一个先增后减的峰值，但是当时这一实验现象并没有被人们所注意。直到 1988 年，McNamara 等在环形激光器的研究中再次发现了随机共振现象[22]，这才引起理论和实验研究人员的广泛重视，然后才有了相关理论的产生、完善和成熟，并逐步在物理、化学、生物学、通信、电子学等各个学科得到广泛深入的研究与应用。

1.3.1.2 经典随机共振理论的研究

随机共振理论的研究是该技术方法得以发展、应用的基础，随机共振理论的发展主要历经了经典随机共振、非经典随机共振两个阶段。经典随机共振理论基于最传统的双稳态非线性系统、微弱周期信号、高斯白噪声等条件提出，其基本原理可解释如下，随机共振存在于小周期力（例如正弦信号）和宽带随机力（例如高斯白噪声）共同作用的双稳态系统中，两种力的共同作用使初始状态停留在一个稳态的系统发生了两个稳态之间的跃迁，并且系统跃迁周期由小周期力的周期决定。可以这样解释，周期力很小时，单独不能驱动系统状态切换；噪声很小时，根据克莱默斯（Kramers）跃迁率公式，系统也不会切换，当噪声足够大时，系统按照克莱默斯跃迁率实现状态切换，但是不能反映小信号周期。恰恰是噪声在合适大小时，可以帮助系统实现按照小周期力的周期进行切换。这种有利放大小周期信号现象可由两个时间尺度的匹配来定量确定，即小周期力周期（正弦信号周期）和克莱默斯跃迁率（单独由噪声引起的系统切换率，倒数为周期）匹配时，即发生"共振"现象，并由此得名随机共振。经典随机共振理论包括绝热近似理论、线性响应理论与驻留时间分布理论等。

绝热近似理论：绝热近似理论在 1989 年由 Mcnamara 提出[23]，它适用于离散以及连续双稳态系统。针对随机共振现象的分析，为增加直观性，便于理解，研究者多用粒子的运动进行解释。绝热近似理论作了如下假设，当输入信号和噪声强度很小时（小参数条件），相对于运动粒子在两个势阱间的状态转移的时间尺度，可以认为粒子处于某个势阱之内进行的状态变化是瞬时完成的，有学者将这个变化描述为从渐进稳态到稳定态的过程，因此在研究粒子运动时不再考虑单个势阱内粒子的状态变化。所以，当绝热近似条件成立时，双稳态系统可以简化为仅在两个稳态之间进行概率转移的过程，这样的假定可以使粒子概率分布求解得到简化。在上述近似条件下，绝热近似理论首先给出了粒子在两个稳态发生概率转移的主导方程，给出的假定条件为，噪声强度、输入信号幅度远远小于 1，输入信号频率远远小于克莱默斯跃迁率。通过对主导方程求解，可得到粒子在两个势阱的概率分布，依托概率分布结果求取自相关函数，通过自相关函数的傅里叶变换求解出输出功率谱，最终得到系统输出信噪比。基于得到的信噪比结果分析噪声变化对输出信噪比的影响，发现随着噪声增大，输出信噪比并非单调递减，而是先上升再减小，峰值点位置既是随机共振发生的最佳位置。这个过程从理论上证明了随机共振发生，并给出了证明过程，得到了中间计算公式、输出信噪比表达式以及验证随机共振的方法。绝热近似理论从理论推导的层面证明了随机共振现象的存在，给出了随机共振现象存在的条件和相关结论，成为后期学者研究各种非线性系统下、噪声条件下以及各种随机共振方法的依据。绝热近似理论是我们学习、研究、应用随机共振理论和方法的基础。

线性响应理论：1990年，Dykman将微扰展开理论中的线性响应理论扩展到随机共振研究中，用以描述粒子处于稳态点及跃迁过程中的动态变化，形成了线性响应理论[24]。该理论从线性响应的角度求解出输出功率谱密度，得到的输出信噪比表达式与绝热近似理论相同，用不同的求解方法从理论上再次验证了随机共振现象和绝热近似理论。线性响应理论相对绝热近似理论有三个变化[25-26]，一是通过在自相关函数中增加反应势阱内粒子特性的表达项，描述了势阱内粒子的局部动态行为；二是噪声强度 D 非常小时，绝热近似理论得到输出信噪比趋近于 0，这从物理意义角度无法解释，而线性响应理论的计算结果趋近于一个常量，其结果更为合理；三是线性响应理论推导出了随机共振微弱输入信号的频率变化与输出信噪比的关系，结果表明，当外部周期信号频率足够小时，可以产生随机共振现象，但是随着信号频率变大，达到某个阈值时，随机共振现象消失。这首次对输入信号频率限制进行了量化表述。国内北京师范大学胡岗教授在随机共振理论研究方面作出了很大贡献，是国内开展随机共振理论研究的开拓者。除此之外，经典随机共振理论还包括驻留时间分布理论、阈值随机共振等。

1.3.1.3 非经典随机共振理论研究

由于经典随机共振理论的各种限制条件过于严苛，很难在工程实际中找到与之匹配的物理系统，通过对噪声、信号和非线性系统条件的拓展，非经典随机共振理论逐渐形成。非经典随机共振理论是经典随机共振的推广和扩展研究，典型的特点是非周期、色噪声、单稳态或多稳态系统等。在非线性系统选择方面，针对双稳态系统之外的势函数，N. G. Stocks 和 J. M. G. Vilar 分别在 1993 年、1996 年提出了单稳态系统随机共振；之后很多学者也开始了拓展研究，特别是近些年，包括单稳态系统[27-28]、非对称双稳态系统[29]、三稳态系统[30]、非对称三稳态系统[31]、多稳态系统[32-33]、周期势系统[34]下的随机共振都得到了研究应用，产生这些势系统的函数形式也出现了多样化的趋势，不再局限于高次多项式，幂函数、指数函数以及多种函数的组合都被应用于势系统产生[28,30,35]，线性系统和非线性系统、多种势函数系统的级联和组合也得到了应用。在输入信号、噪声方面，检测的信号不再局限于周期正弦信号，脉冲信号、方波信号、调制通信信号等也成为被检测对象[36-38]，噪声类型也扩展到高斯色噪声[32]，α 稳定分布噪声、广义高斯噪声等非高斯噪声类型[36,39-42]，更具针对性的加性、乘性三值噪声等也得到了研究[43]。

可见，非经典随机共振理论的研究，与实际工程应用的关联更加密切，涉及物理、化学、生物、电子等各个领域，所以说非经典随机共振理论是随机共振研究走向应用的基础。

1.3.1.4 自适应随机共振

自适应随机共振也应该属于非经典随机共振范畴。噪声诱导随机共振是随机共振早期研究的主要技术手段，文献[44]研究了噪声类型、噪声强度、输入信号类型的匹配关系，并通过自动添加噪声来激发随机共振。但是在很多应用场景下，背景噪声已经超出随机共振产生的强度，或者噪声强度并不能按需调整，单纯噪声诱导发生随机共振的方法受到很大限制，故此，一个更普遍、更具实际意义的应用模式被提出，在噪声条件和信号条件不变的情况下，通过调节 SR 系统参数诱导随机共振发生，用以实施信号增强[45-50]，这种方法一般称为参数调节随机共振。文献[47]研究了参数调节随机共振的方法，研究结果表明通过调节双稳态系统参数不仅可以诱导出随机共振，且具有灵活方便的特点，有效克服了传统方法的缺陷。在同样的指导思想下，文献[48]研究了非线性系统结构参数与输入信号、噪声的关系，通过调整势垒高度，达到最优共振的目标。很多研究者将参数的寻优与粒子群[51]、果蝇[52]、人工鱼群[53]、布谷鸟搜索[54]等智能算法结合起来，大大提高了参数寻优的效果和效率。文献[51]针对传统自适应随机共振只能单参数优化，多参数条件下存在参数选取困难、收敛速度慢的缺陷，提出了基于果蝇优化算法的自适应随机共振方法。文献[52]以双稳系统输出信噪比作为粒子群算法的适应度函数，实现了变步长随机共振系统的结构参数和计算步长的自适应同步选取。根据绝热近似理论和线性响应理论，随机共振针对的是微弱低频小信号，实际工程问题需检测的信号大多都不能满足这样的条件，文献[55-57]等提出了变尺度随机共振的概念，通过线性变换将大信号变为低频小信号，其本质也是基于 SR 系统参数调节实现的。文献[58]借助超外差解调的方法，实现了高频信号到低频信号的变换，并针对变换后的信号实现参数寻优。文献[59]提出了基于参数归一化方法和人工鱼群算法的随机共振信号检测方法，进行了多参数并行寻优，实现了任意频率下最优信噪比的自适应输出。

1.3.2 随机共振理论的应用研究

随机共振涉及的应用领域非常广泛，包括机械信号处理、通信信号处理、生物信号处理、视觉图像与听觉识别、电子电路系统、光信号处理领域等，应用非常广泛。在上述各种应用领域中，基于随机共振从噪声中提取微弱信号是一种各领域通用的、有针对性的、具有很大实际应用价值的应用方式。

1.3.2.1 微弱信号检测技术

微弱信号检测涉及信号处理、非线性系统、电子技术等多学科门类，主要研究从强噪声中提取有用信号的理论和技术，是很多工程领域面对的难题，也是本研究实现 DSFH 通信信号接收需求要解决的关键问题。

有用信号幅度绝对值极小或者是相对干扰噪声来说信号相对值小，都属于微弱信号范畴，例如滚动轴承初始故障征兆信号、高精度传感器输出信号、强干扰条件下通信信号、电子信息装备的故障征兆信号等，可以归结的特征一般是低信噪比条件下的微弱小信号。在电子装备中，电源供电支路连接到各个设备，多个设备多类型故障模式可在电流变化中有所体现，但是这种变化大都淹没在电流噪声中，十分微弱，文献[60-61]基于电流微弱变化的分析实现了故障特征提取。

微弱信号检测理论与技术研究发展很快，传统的方法有频域分析方法和时域分析方法。频域分析方法最为常用，通过 FFT 等算法将信号转换到频域，从噪声中可以观察到信号的频率成分，可通过设计合适的低通、带通、高通或带阻滤波器，滤除噪声成分并保留感兴趣的信号成分。本书在 SR 系统信号检测性能研究过程中，基本都是以此方法作为参照。时域检测方法主要包括相关检测、取样积分和时域平均等。相关检测主要是利用信号相关但噪声不相关的特性进行信号检测，文献[62]采用相关检测方法，提取了红外测温仪微弱目标的特征。取样积分和时域平均方法则针对已知周期信号，通过时域多次采样累积平均的方法进行检测，累积次数越多，信噪比提升越大，通过牺牲效率提高检测效果，文献[63]采用此方法检测光纤电流传感器输出信号，解决了微弱传感信号检测问题。

除了上述常规方法，小波检测、高阶统计量、非线性处理等方法以及人工智能算法也得到了深入研究发展。指挥车具有多设备并联供电的结构特点，设备及内部板卡、器件的性能下降、短路、断路、桥接、过载等多类型故障模式均可在总电流变化中有所体现，但是很多情况下这种变化相对于大电流信号、甚至噪声都非常微弱，常常淹没在电流纹波中，文献[61]采用小波分析方法，克服了传统傅里叶变换不能时域局部变化的缺点，提取了隐含在电流信号中的故障征兆信息。文献[64]使用 BP 神经网络实现了从宽带背景噪声中提取微弱信号。应用非线性系统抑制噪声，凸显有用信号也是微弱信号处理领域的一种典型方法，Duffing 振子经常被用来增强微弱信号，文献[65]把互补集合总经验模式分解与变尺度 Duffing 振子相结合，通过系统分岔图及其变化找到相轨迹变化临界阈值，实现微弱信号的检测。文献[66]应用 Van der Pol-Duffing 振子和互相关检测联合的方法实现了微弱正弦信号的检测。

一般我们把信号有用成分称为信号，无用成分称为噪声，大多数情况下噪声都是产生坏的影响，人们尽力去抑制噪声。但是在一些情况下，噪声也能够被利用，集合经验模式分解技术[25]可利用噪声提高模数转换器输出信噪比。本书引入的随机共振方法也属于此类方法，通过利用噪声，或者是把噪声的能量转化为信号能量，达到信噪比提升，实现微弱信号检测的目标。

1.3.2.2　随机共振在微弱信号检测中的应用

随机共振用来检测微弱信号开始于 20 世纪 90 年代，研究者利用随机共振原理，通过在系统中加入适当噪声或者调整系统参数达到增强微弱信号的目的。随机共振微弱信号检测在故障诊断领域应用广泛，在机械故障诊断方面，文献[67]在电机早期故障、转子系统碰摩故障检测中使用了随机共振方法；文献[68-70]将随机共振应用在滑动和滚动轴承故障特征提取中，通过随机共振的输出信噪比峰值完成微弱故障信号的去噪处理，得到微弱信号频率范围并实现轴承故障数据追踪。在传感器测试方面，文献[71-72]分析了非线性双稳态系统在噪声、单频、多频信号作用下的随机共振特性，将外差式频谱分析与随机共振相结合用于传感器微弱信号检测。在信号探测方面，文献[73]针对潜艇目标探测问题，开展了复杂海洋环境噪声下的甚低频信号检测研究。美海军也将随机共振方法用于探测敌方潜艇、飞机信号与位置等作为重要研究课题。在通信领域，文献[74]首次将双稳态随机共振引入到认知无线电频谱感知中，但是其方法研究还是限制在小参数条件，推广应用具有一定局限性；文献[75]将阈值阵列随机共振系统和匹配滤波、能量检测、序贯检测等方法结合，通过合理设置阈值和增加噪声，提高了传统方法的检测性能。文献[76]应用随机共振方法在复杂电磁环境背景下实现了有用信号检测，提出了基于双稳态随机共振的能量检测算法，重点解决了拉普拉斯噪声下信号检测、宽带多目标检测等问题。文献[77]综合应用阵列随机共振、参数可调随机共振、基于粒子群算法的变步长随机共振等方法实现了通信信号检测。文献[78]将随机共振理论应用于传统跳频信号解调中，得出迭代随机共振优于单一随机共振的结论。

在微弱信号检测方向，传统的基于噪声抑制的方法已经比较成熟，随机共振是一种新颖的信号增强方法，为解决低信噪比条件下的信号检测问题提供了有力工具。

1.3.2.3 α 稳定分布噪声下的随机共振研究

噪声是随机共振现象发生的三个要素之一，由于高斯噪声具有可解析表达、满足中心极限定理、一阶矩二阶矩有限等优点，前文应用随机共振进行的轴承故障信号提取、传感器信号检测、无线电频谱感知以及通信信号检测等研究，大都在高斯白噪声条件下开展，具有一定局限性。本书以无线通信应用为研究背景，噪声条件选择与战场电磁环境更为匹配的脉冲型噪声。脉冲型噪声是在通信中出现的离散型噪声的统称。它由时间上无规则出现、持续时间短和幅度大的脉冲或噪声尖峰组成，多为非连续的。具体化可描述为持续时间小于 1s、噪声强度峰值比其均方根值大于 10dB、重复频率又小于 10Hz 的间断性噪声。本书主要从理论上研究其对随机共振的影响，噪声模型选择了适合模拟具有强脉冲性信号的 α 稳定分布模型。

相对高斯白噪声，α 稳定分布噪声以及 α 稳定分布噪声条件下的随机共振研究相对较少。近些年，因为在很多物理、自然科学和社会科学的复杂系统中都观察到了稳定分布的存在，α 稳定分布的研究在理论和应用方面都得到了快速发展。对比常用非高斯噪声模型，α 稳定分布模型厚重的拖尾特性能够更好地描述脉冲型噪声、分数低阶统计量理论的提出与发展，也促进了 α 稳定分布模型的应用研究以及以稳定分布噪声作为噪声条件的随机共振研究。虽然 α 稳定分布噪声的概率密度函数具有较厚拖尾，方差是无穷大的，但是双稳态系统势函数可以约束 α 稳定分布噪声，从而使系统输出信号的方差有限，这也是 α 稳定分布噪声下随机共振方法得到应用的前提。

按照定义，Levy 分布是 α 稳定分布的特例，有些文献定义特征参数 $\alpha=1/2$、偏斜参数 $\beta=-1$ 的 α 稳定分布为 Levy 分布，但是更多研究者在利用 Levy 分布作为噪声条件时，多令 α 按照 α 稳定分布的参数范围进行参数变化，也就是用 Levy 分布代指了 α 稳定分布，下面引用的很多文献都存在此类情况，所以本书对 Levy 分布和 α 稳定分布不再特意区分。两种表述均可代表 α 稳定分布。

针对 α 稳定分布噪声下的随机共振问题，也已经有学者进行了研究。通过求解随机共振系统输出微分方程，得到输出信号概率分布是最为直接的分析方法，但是，在 α 稳定分布噪声条件下，非线性系统表达方程形式为分数阶微分方程，求解变得非常困难。Chechkin 等[79]针对 Levy 噪声下非线性振子的响应问题，用小波近似的方法求出了解析解，分析发现，输出信号双峰特性明显，且概率密度相对于 Levy 噪声本身的概率密度拖尾衰减更快,从理论上验证了非线性系统对信号的限制作用。由于求解困难,所以针对 α 稳定分布噪声下的随机共振,国内外后续研究者大多基于数值仿真或者数值求解的方式进行系统分析。

DiPaola 等[80]对 levy 噪声激励下的线性和非线性系统响应问题进行了研究,给出了一种分数阶福克·普朗克方程(Fractional Fokker-Planck Equation,FFPE)的近似求解方法,并在选取不同参数的条件下通过数值仿真验证了求解结果的准确性。2006 年,Dybiec 等[40]通过数值方法,验证了 Levy 噪声下针对双稳态系统存在随机共振现象,同时研究了噪声参数对 SNR 和功率谱放大因子的影响。曾令藻等[81]研究了 Levy 噪声诱导的非周期随机共振问题,并针对空间分数阶福克-普朗克方程(FPE)进行了输出信号概率密度求解。张文英、I. Kuhwald 等[82-83]采用仿真实验的方法,实现了 α 稳定分布噪声下利用双稳 SR 进行单频小参数信号检测的目标。黄家闽等[84]研究了 α 稳定分布噪声条件下常值信号激励双稳系统随机共振现象。张广丽等[85]研究了对称 α 稳定分布噪声下参数诱导随机共振现象,通过对单频小参数信号的检测实验,分析了不同 α 值下系统参数 a、b 取值与输出信噪比之间的关系。Yulei Liu,Yunjiang Liu 等[86-87]在 α 稳定分布噪声下研究了三稳态系统随机共振问题,张刚等[88]以幂函数为势函数,以平均信噪比增益为衡量指标,针对稳定分布噪声下随机共振现象进行了研究。焦尚彬[89-93]、Lu Liu 等[94]将稳定分布噪声与单稳态系统等相结合,分别研究了不同稳定分布噪声下,无时滞项和有时滞项非对称单稳系统随机共振问题;同时,将多个低频微弱信号、高频信号和加性 α 稳定分布噪声共同激励的周期势系统作为研究模型,以平均信噪比增益为性能指标进行了随机共振研究。贺利芳等[95]针对经典双稳态随机共振系统输出饱和问题,构建了一种新型具有分段势函数的双稳系统,以平均信噪比增益为指标,用粒子群算法进行寻优,研究了不同 α 稳定分布噪声下、不同非线性系统参数下系统的输出情况,并基于轴承故障数据得到了改进系统优于经典双稳系统的结论。刘运江等[96]提出了以 α 稳定分布噪声作为背景的级联随机共振方法,得到两级系统输出与一级系统输出性能比较结果。

通过对上述相关研究分析发现,在 α 稳定分布噪声下,很多随机共振研究还停留在一般定性研究的层次,应用背景多以机械系统故障信号检测为主,并且大多采用现场采集、事后分析的模式,针对类似 DSFH 通信背景,对信号检测存在实时性需求的应用研究,特别是对相关性能指标进行量化度量的研究还非常少。

1.4　本书研究内容与安排

本书瞄准低信噪比条件下保底通联通信技术研究这一目标，将 DSFH 通信体制与随机共振技术相结合，研究了基于随机共振的通信信号检测接收相关问题，主要包括噪声模型构建研究、随机共振系统构建与性能度量研究、基于随机共振的 DSFH 通信系统构建与性能度量研究、系统动态性研究等相关问题。第 1 章从战场通信引出低信噪比通信的需求，引入了 DSFH 通信模式和随机共振，落脚到 SR 三要素；分别从随机共振系统分析方法和噪声的角度，引出第 2 章和第 3 章研究内容；基于第 2 章和第 3 章研究成果，完成第 4 章即 α 稳定分布噪声条件下、不同势函数系统的随机共振研究；第 5 章则将随机共振与 DSFH 通信系统结合研究系统检测接收性能；第 6 章基于动态特性研究系统可达通信速率问题。各章主要研究内容和研究思路如下。

第 1 章：绪论。本章首先通过对战场电磁环境、通信对抗、新通信模式等问题的分析，引出低信噪比无线通信的需求。针对性引入 DSFH 通信体制和随机共振理论，阐述了 DSFH 通信的优势，分析了随机共振技术与 DSFH 通信信号检测需求的匹配性。其次，分别介绍了 DSFH 和随机共振理论研究的发展、现状、基本原理等。针对随机共振理论噪声、微弱信号、非线性系统三要素，明确了本书针对的战场电磁环境噪声、DSFH 中频输出以及传统双稳态系统等基本研究条件。

第 2 章：随机共振系统分析方法研究。针对本书研究如何开展，本章采用技术途径、手段方法选择以及可用成果结论等问题开展研究。从运动粒子的分析着手，引出郎之万方程和福克-普朗克方程两种主要分析工具，通过分析推导得到其表达形式。针对随机共振输出信号分析这一目标，选用基于福克-普朗克方程的概率密度求解和基于郎之万方程的系统演化模拟仿真两种技术途径，引入了傅里叶-拉普拉斯逆变化法、有限差分法、龙格-库塔数值仿真方法等技术方法，分析了绝热近似条件下，SR 系统输出信号表达，并针对 α 稳定分布噪声条件，进行了研究、改进，为下一步开展相关研究提供了理论基础和方法支撑。

第 3 章：基于 α 稳定分布的脉冲型噪声条件构建研究。本章主要解决随机共振噪声条件构建问题。面向战场电磁环境噪声，针对传统随机共振研究多面向通用噪声条件，针对性不强的问题，首先，在脉冲型噪声已成为战场电磁环境噪声主要成分的前提下，选择适合描述脉冲特征的 α 稳定分布作为噪声模型，研究 α 稳定分布噪声生成方法和分数阶矩参数估计方法，利用两种方法进行了参数估计精度验证；其次，针对典型工作场景，实施了电磁环境数据采集，基

于实采数据进行了 α 稳定分布模型参数估计，得出特定场景下的特征参数 α、偏斜参数 β 的取值特点和范围描述，相关量化结果在一定程度上对战场电磁环境噪声的样式进行了刻画，可作为下一步随机共振性能和系统通信性能度量研究中噪声条件选取的依据，对提高研究结果针对性具有积极意义。

第 4 章：α **稳定分布噪声下随机共振检测模型构建研究**。本章主要解决随机共振环节的系统构建、结构优化与性能度量问题。以 α 稳定分布噪声和小信号作为研究条件，依托理论求解和数值仿真两种技术途径，分别针对双稳态系统、对称三稳态系统、非对称三稳态系统三种非线性系统开展随机共振研究。分析了不同非线性系统模型的特征，以平均信噪比增益为标准在不同噪声条件下对系统进行了参数优化，分析了噪声脉冲性、偏斜度对系统性能的影响，为随机共振检测方法可行性提供量化结果支撑。

第 5 章：**基于随机共振的 DSFH 信号检测接收系统构建研究**。本章主要解决 DSFH 通信信号检测接收系统的系统构建、结构优化与性能度量等问题。将 DSFH 与随机共振理论结合，针对 DSFH 超外差接收信号特点和随机共振对处理信号的限制性要求，研究归一化尺度变化方法，构建适合 DSFH 中频信号频率范围的随机共振通信信号检测系统，以信噪比为度量指标对系统结构参数进行优化选择；设计基于广义能量多项式、符号函数的两种信号接收结构，并以偏移系数为标准对广义能量多项式接收结构参数进行优化，构建检验统计量，采用似然比方法实现输出判决。基于概率密度差异，计算检测概率和虚警概率，得到接收机工作曲线（Receiver Operator Charateristic, ROC）。基于误码率指标，对不同噪声条件下、不同输入信噪比条件下、不同判决点数下系统的检测接收性能进行度量，得到系统适用输入信噪比范围以及可达误码率水平等量化结论。最后，基于软件无线电平台，研究了 DSFH 通信系统的实现问题。

第 6 章：**随机共振信号检测接收系统动态性能研究**。本章针对系统可达通信速率，研究系统动态响应问题。以平均首次穿越时间（Mean First Passage Time, MFPT）为关键指标，研究了 MFPT 的一般求取方法、高斯白噪声条件下的求取方法，在此基础上针对 α 稳定分布噪声不可解析表达的特殊性，研究了基于路径积分法的 MFPT 求解方法，并基于仿真手段进行了验证。通过综合分析输入信噪比、DSFH 中频信号频率对 MFPT 的影响，在匹配"波峰波谷"判决的条件下，量化分析了系统可达通信速率，并提出优化使用的建议。

第 7 章：**总结与展望**。对本书内容进行总结，并提出下一步需要深化拓展研究的问题。

第 2 章 随机共振系统分析方法研究

我们在第 1 章介绍了随机共振的基本概念、发展、研究现状和应用情况，随机共振是非线性科学和统计物理学的前沿，其本质是研究随机力在非线性条件作用下产生的各种效应及其演化问题。所以，分析随机共振系统输出可以从随机力对非线性系统的作用着手，研究其机理和分析方法。

19 世纪下半叶，统计物理开始作为一门分支学科进入物理学，玻耳兹曼、麦克斯韦等将概率语言引入物理学，用代替确定性轨迹分析的方法来探索基本粒子的微观行为。爱因斯坦对布朗运动粒子的研究是现代统计物理的开始，开创了随机力对粒子运动影响研究的先河，传统扩散理论也为解释各种非线性系统中的随机现象提供了强有力的工具；郎之万方程（Langevin Equation，LE）和福克-普朗克方程（Fokker-Planck Equation，FPE）的建立则为该问题研究提供了重要手段。从物理学角度，大到宇宙天体，小到颗粒、细胞、分子的运动，都可以用该理论体系进行解释。电信号的本质是带电粒子的运动，噪声其本质上就是各种类型的随机力，噪声信号对有用信号的影响其本质也可视为随机力对粒子运动的影响。

为方便理解非线性系统输出信号的本质特征，更好地解释随机共振的相关问题，本章从分子扩散运动着手，引出两种重要的分析工具，即郎之万方程和福克-普朗克方程，针对获取非线性系统输出信号概率分布这一关键环节，特别是针对 α 稳定分布噪声条件，研究了概率密度求取方法和数值仿真方法；以典型随机共振系统为对象，在绝热近似条件下，求解 SR 系统输出概率密度分布，求出自相关函数和功率谱密度，得到输出信噪比等相关结果，为后续 SR 现象判定和性能分析提供了方法支撑和依据。

2.1 物理学运动粒子分析的一般方法

物理学上对粒子的运动描述一般分为三个层次，文献[97]描述如下。

1）微观层次的分析

针对一个具有 N 自由度的经典哈密顿系统，给出哈密顿量

$$H = H(q_1, q_2, \cdots, q_N; p_1, p_2, \cdots, p_N) \tag{2.1}$$

其中，$q_i, p_i (i=1,2,3,\cdots,N)$ 表示 N 个广义坐标和动量，可以得到 q、p 运动的正则方程[98]

$$\dot{q}_i = \frac{\partial H}{\partial p_i}, \quad \dot{p}_i = -\frac{\partial H}{\partial q_i}, \quad i=1,2,3,\cdots,N \tag{2.2}$$

假设有 M 个与式（2.1）完全相同的哈密顿系统，这 M 个完全相同系统的集合构成一个大系统 T，可以认为存在一个 Γ 空间，空间由 N 个 q_i 坐标和 N 个 p_i 坐标构成，可以认为每个哈密顿系统是该空间内的一个点，那么 M 个系统代表其中的 M 个点。令 $D(q,p)$ 表示大系统内点在 (q,p) 处的点密度，那么用 $\rho(q,p)$ 表示一个点落在 (q,p) 处的概率，则

$$\rho(q,p) = \frac{D(q,p)}{M} \tag{2.3}$$

系统中点的运动轨迹可以用刘维尔方程表示，即式（2.2）正则方程可以用如下方程代替

$$\begin{cases} \dfrac{\partial \rho(q,p)}{\partial t} = \{H, \rho\} \\ \{H, \rho\} = \sum_{i=1}^{N} \left(\dfrac{\partial H}{\partial q_i} \dfrac{\partial \rho}{\partial p_i} - \dfrac{\partial H}{\partial p_i} \dfrac{\partial \rho}{\partial q_i} \right) \end{cases} \tag{2.4}$$

基于上述方程，从理论上讲，针对一个粒子，如果知道 $2N$ 个变量的初始值，即 $q_i(0)$、$p_i(0), (i=1,2,3,\cdots,N)$，或给出概率密度初始分布 $\rho(q,p,t=0)$，即可求解出方程（2.2）或式（2.4），并依据求解结果完全分析粒子运动的轨迹。

2）宏观层次的分析

微观层次通过求解微分方程，可以详细描述粒子运动，但是针对微小粒子的运动，如一定空间内分子相互作用，因为分子数目 N 非常大，位置和动量变量数目也非常多，方程求解将会变得非常困难，甚至无法求解。并且，针对此类问题，很多情况下研究者并不关心单个分子的运用，实际关心的是这些分子运动产生的宏观效应，表征这些宏观效应的物理量可以通过微观层级的统计特性得出，例如宏观物理量 x_i 可以表示为

$$x_i = \int x_i(q,p) \rho(q,p) \mathrm{d}q \mathrm{d}p, \quad i=1,2,3,\cdots,n(n \ll N) \tag{2.5}$$

也可以假设物理量遵循宏观方程

$$\dot{x}_i = f(x_i), \quad i=1,2,3,\cdots,n \tag{2.6}$$

可根据实际需求确定变量数目，实际变量数目可能远远小于 N，所以宏观方程相对于微观方程得到了极大简化。实际上，影响系统变化的因素可以分为

两个部分，一是主要的、持续对系统起作用的量，如式（2.6）所示；二是除式（2.6）所包含变量以外的由正则方程（2.2）表示的变量，因为集中表现出性质的变量已经考虑，所以这些剩下的变量多属于性质复杂的独立变量，互不相关，并且其影响相对微小，在很多系统中作为微小噪声被忽略了。在初值确定的条件下，根据宏观方程式（2.6）可以得出宏观变量与粒子运动的确定性关系。

3）随机层次的分析

前面描述的那些被忽略性质复杂的变量，直接通过正则方程求解非常困难，但是我们可以通过一些近似的方法对这些变量的影响进行分析，微观的变量相对于宏观层面，变化的时间尺度要小得多，我们可以把它们看成是随机的变量，可以认为这些变量是"随机力"或者"噪声"，基于上述处理思想，假设用 $F(t)$ 表示噪声的影响，方程式（2.6）可以改写为

$$\dot{x}_i = \psi_i(x, F(t)), \quad i=1,2,3,\cdots,n \quad (2.7)$$

该方程的描述介于宏观层次描述和微观层次描述之间，既考虑了宏观物理量的影响，也考虑了全部微观性质的外在表示，尤其这种外在表示是通过研究随机力的统计性质而非具体变化细节实现的，所以相对于纯粹微观层次分析，处理内容得到极大简化，相对宏观层次，却又增加了精细程度。

特别是，随着非线性系统研究的发展，原来被人们认为是"微小的""可以忽略的"噪声因素，在非线性系统的影响下，往往会产生非常大的影响和作用。本书研究的随机共振就是此类现象，微小的噪声在非线性系统作用下，极大放大了微弱信号的输出。所以随机层次的系统分析方法其核心在于研究随机力对非线性系统的作用，以及产生的响应和各种重要效应，包括这些效应产生的条件、机制，更重要的是研究如何利用这些效应产生正向的影响，就像本书把随机共振用于 DSFH 通信，实现低信噪比通信信号检测。

2.2 郎之万方程与福克-普朗克方程

直接获取系统输出或者得到输出信号分布特性是系统分析的前提，在统计物理中，朗之万方程是一个描述自由粒子集的时间演化随机微分方程，随机共振研究领域，用仿真的方法模拟粒子运动或者信号的演化一般都是基于朗之万方程进行的。福克-普朗克方程可描述粒子在势能场中受到随机力后，粒子位置或运动速度分布函数随时间演化过程，随机共振系统输出信号的概率密度函数一般可基于福克-普朗克方程求取。可见朗之万方程和福克-普朗克方程是随机共振系统研究的两个重要工具，下面首先对两个方程的得出过程和基本原理进

行阐述。

2.2.1 郎之万方程

物理学对宏观系统三个层次的描述，特别是随机层分析方法的应用，布朗分子运动分析是非常典型的例子。爱因斯坦从统计学角度用布朗运动模型解释了扩散现象，用概率平衡理论阐述了大量布朗粒子运动的平均行为，但是没有给出具体的动力学描述和单个粒子的轨迹描述，郎之万在此研究基础上，提出随机力假设，用方程描述了单一布朗粒子的运动轨迹，建立了对应的随机动力学方程，我们称之为郎之万方程。

郎之万方程基于随机层次分析方法建立，处于液体介质中的大颗粒不断受到液体分子的碰撞，可以把液体分子对布朗粒子的作用力分为两类，第一类是宏观上持续起作用的力，当布朗粒子以一定速度在介质中运动时，分子的碰撞会产生阻碍运动的基体效应，宏观上呈现为黏滞阻力，可以用斯托克斯定理描述为$-\gamma v$，γ为黏滞系数，v为布朗粒子运动速度。第二类是随机力，根据爱因斯坦理论，布朗粒子会受到介质分子杂乱无章的随机碰撞作用。针对静止大质量颗粒，可以认为一段时间内这种随机冲击力是对称的或者非常微小的，可被近似忽略，这样可得布朗粒子运动的宏观方程如下：

$$m\dot{v} = -\gamma v \tag{2.8}$$

其中，m为粒子质量。

但是，更多情况下，布朗粒子的质量虽然比较大，但是还不能够达到对这种随机碰撞力无视的程度，也就是能够观察到介质分子的随机碰撞可以使布朗粒子产生无规则的运动，布朗粒子质量越小，运动幅度越大，我们用$F(t)$表示这种随机冲击力，综合黏滞力和随机力，运动方程可以表示为

$$m\dot{v} = -\gamma v + F(t) \tag{2.9}$$

将式（2.9）两边同时除以m，可以得到

$$\dot{v} + rv = \xi(t) \tag{2.10}$$

式（2.10）就是郎之万方程，其中，$r = \dfrac{\gamma}{m}$，$\xi(t) = \dfrac{F(t)}{m}$，分别为阻尼系数和随机涨落力。

$\xi(t)$表示除黏滞力外所有分子碰撞的作用力，称为郎之万力，由于碰撞分子数量多达10^{23}量级，我们自然不可能确切地用方程表示出郎之万力，但可以研究这种随机力的统计特性，在这样的条件下，整个布朗粒子运动方程（2.10）就可以看作一个随机过程。虽然我们不能预测粒子运动轨道，但是可以计算分

析其统计特性。

由于介质各向同性的特点，可以认为在一段时间内，刚性碰撞作用 $\xi(t)$ 的统计平均值为 0，即

$$<\xi(t)>=0 \tag{2.11}$$

由于介质分子对粒子的碰撞是不可分的，且发生在微观层次，相对于人的观测时间，碰撞时间可以认为非常非常小，所以认为各个时刻的碰撞是相互独立的，即郎之万力 $\xi(t)$ 在不同时刻是不相关的，其自相关特性可表达为

$$<\xi(t)\xi(t')>=2D\xi(t-t') \tag{2.12}$$

由式（2.11）、式（2.12）两个性质可见，作为一种随机力的郎之万力，其特性和信号处理领域白噪声的特性完全相同。将式（2.10）进行变化，改为以运动粒子的空间位置作为变量，并且将研究场景推广到具有外力作用的条件下，即添加外力势场表示项，郎之万方程可以变换为

$$\ddot{x} + r\dot{x} = f(x) + \xi(t) \tag{2.13}$$

其中，$f(x)$ 表示平均质量的布朗粒子在空间某位置受的外力。

在过阻尼的条件下，主要是阻尼项起作用，惯性项可以忽略，本书研究的随机共振理论主要是过阻尼条件下的随机共振。适当变化使 $r=1$，则式（2.13）可变换为

$$\dot{x} = f(x) + \xi(t) \tag{2.14}$$

其中，$f(x)$ 由外部势场环境决定，若 $f(x)$ 是非线性函数，那么式（2.14）就是非线性郎之万方程；$\xi(t)$ 与随机变量无关，一般称为加性噪声，乘性噪声条件下，系统可表示为

$$\dot{x} = f(x) + g(x)\xi(t) \tag{2.15}$$

2.2.2 福克-普朗克方程

对于线性郎之万方程，分析其系统演化还比较容易，但是在非线性条件下，求取过程将会非常复杂。郎之万方程描述的是粒子运动轨迹，很多情况下我们更加关注的其实并不是单个粒子的具体位置，而是粒子分布的统计特性，映射到随机信号处理领域，很多情况下我们并不关注输出信号的演化细节，更多关注其输出幅度的统计特性。通过求取粒子位置分布或信号幅度的概率密度函数可达到相同目标。粒子概率密度分布函数的微分方程在 1914 年由 A. D. Fokker 和 M. Planck 推导出，因此该方程被称为福克-普朗克（Fokker-Planck）方程。为方便下一步研究分析，从一般到特殊，我们首先基于高斯白噪声条件推导出福克-普朗克方程[97]，然后基于本书研究需求，研究 α 稳定分布噪声条件下福

克-普朗克方程的表达形式。

在高斯噪声作用下的随机共振系统可类比正常扩散过程，是典型的马尔可夫随机过程，我们定义跃迁概率密度 $P(x_n,t_n|x_{n-1},t_{n-1};x_{n-2},t_{n-2};\cdots;x_1,t_1)$，表示当随机变量在 t_1 时刻取值 x_1，t_2 时刻取值 x_2，…，t_{n-1} 时刻取值 x_{n-1} 的条件下，在 t_n 时刻跳转到 x_n 的概率，则跃迁概率密度可以表示为

$$P(x_n,t_n|x_{n-1},t_{n-1};x_{n-2},t_{n-2};\cdots;x_1,t_1) = \frac{\rho_n(x_n,t_n;\cdots;x_1,t_1)}{\rho_n(x_{n-1},t_{n-1};\cdots;x_1,t_1)} \quad (2.16)$$

由于系统为马尔可夫过程，跃迁概率密度只与随机变量前一个时刻的取值有关，与之前的历史状态无关，所以可得

$$P(x_n,t_n|x_{n-1},t_{n-1};x_{n-2},t_{n-2};\cdots;x_1,t_1) = P(x_n,t_n|x_{n-1},t_{n-1}) \quad (2.17)$$

由式（2.16）、式（2.17）可得概率密度分布与跃迁概率的关系：

$$\begin{aligned}\rho_n(x_n,t_n;\cdots;x_1,t_1) = &P(x_n,t_n|x_{n-1},t_{n-1})P(x_{n-1},t_{n-1}|x_{n-2},t_{n-2})\\ &\cdots P(x_2,t_2|x_1,t_1)\rho_1(x_1,t_1)\end{aligned} \quad (2.18)$$

设 $\rho(x,t)$ 为粒子位置分布的 PDF，$P(x,t+\tau|x',t)$ 为粒子概率跃迁函数，即时间 τ 内由 x' 跃迁到 x 的概率，t 时刻粒子位置为 x'，根据式（2.16）～式（2.18），则 $t+\tau$ 时刻粒子分布函数为

$$\rho(x,t+\tau) = \int P(x,t+\tau|x',t)\rho(x',t)\mathrm{d}x' \quad (2.19)$$

为得到 $\rho(x,t)$ 的微分方程，当 $\tau \to 1$ 时可得

$$\rho(x,t+\tau) - \rho(x,t) = \frac{\partial \rho(x,t)}{\partial t} + O(\tau^2) \quad (2.20)$$

仅当 $y=x$ 时

$$\int f(y)\delta(y-x)\mathrm{d}y = f(x) \quad (2.21)$$

所以系统跃迁概率密度存在恒等式

$$P(x,t+\tau|x',t) = \int P(y,t+\tau|x',t)\delta(y-x)\mathrm{d}y \quad (2.22)$$

将 $\delta(y-x)$ 展开

$$\begin{aligned}\delta(y-x) &= \delta(x'-x+y-x')\\ &= \sum_{n=0}^{\infty} \frac{(y-x')^n}{n!}\left(\frac{\partial}{\partial x'}\right)^n \delta(x'-x)\\ &= \sum_{n=0}^{\infty} \frac{(y-x')^n}{n!}\left(-\frac{\partial}{\partial x}\right)^n \delta(x-x')\end{aligned} \quad (2.23)$$

将式（2.23）代入式（2.22）可得

$$P(x,t+\tau|x',t) = \int \sum_{n=0}^{\infty} \frac{(y-x')^n}{n!}\left(-\frac{\partial}{\partial x'}\right)^n \delta(x-x')P(y,t+\tau|x',t)\mathrm{d}y$$

$$= \left[1 + \sum_{n=1}^{\infty}\frac{1}{n!}\left(-\frac{\partial}{\partial x}\right)^n \int (y-x')^n P(y,t+\tau|x',t)\mathrm{d}y\right]\delta(x-x') \quad (2.24)$$

$$= \left[1 + \sum_{n=1}^{\infty}\frac{1}{n!}\left(-\frac{\partial}{\partial x}\right)^n M_n(x',t,\tau)\right]\delta(x-x')$$

其中

$$M_n(x',t,\tau) = \int (y-x')^n P(y,t+\tau|x',t)\mathrm{d}y \quad (2.25)$$

式(2.25)为随机变量粒子分布位置的 n 阶跃迁矩，将式(2.24)代入式(2.19)，基于式（2.20），当 $\tau \to 0$ 时，则可以得到克莱默斯-莫伊尔展开式[97]：

$$\begin{cases} \dfrac{\partial \rho(x,t)}{\partial t} = L_{\mathrm{KM}}\rho(x,t) \\ L_{\mathrm{KM}} = \sum_{n=1}^{\infty}\left(-\dfrac{\partial}{\partial x}\right)^n D_n(x,t) \\ D_n(x,t) = \lim_{\tau \to 0}\dfrac{M_n(x,t,\tau)}{n!\tau} \end{cases} \quad (2.26)$$

由式（2.26）推导出福克-普朗克方程，关键需要求出 $M_n(x,t,\tau)$。在这里我们采用更为通用的包含乘性噪声的 LE 形式，根据郎之万方程式（2.15）可得

$$x(t+\tau) - x = \int_t^{t+\tau} f(x(t'),t') + g(x(t'),t')\xi(t')\mathrm{d}t' \quad (2.27)$$

将函数 f、g 在 $x(t') - x$ 处泰勒展开可得

$$f(x(t'),t') = f(x,t') + f'(x,t')(x(t')-x) + \cdots$$
$$g(x(t'),t') = g(x,t') + g'(x,t')(x(t')-x) + \cdots \quad (2.28)$$

其中，f'、g' 表示函数 f、g 对变量 x 的导数，将式（2.28）代入式（2.27）可得

$$\begin{aligned}x(t+\tau) - x = &\int_t^{t+\tau} f(x,t')\mathrm{d}t' + \int_t^{t+\tau} f'(x,t')(x(t')-x)\mathrm{d}t' + \cdots + \\ &\int_t^{t+\tau} g(x,t')\xi(t')\mathrm{d}t' + \int_t^{t+\tau} g'(x,t')(x(t')-x)\xi(t')\mathrm{d}t' + \cdots\end{aligned} \quad (2.29)$$

在 $x(t') - x$ 处重复泰勒展开

$$\begin{aligned}
x(t+\tau)-x = &\int_t^{t+\tau} f(x,t')\mathrm{d}t' + \int_t^{t+\tau} f'(x,t')\left[\int_t^{t'} f(x,t'')\mathrm{d}t''\right]\mathrm{d}t' + \\
&\int_t^{t+\tau} f'(x,t')\left[\int_t^{t'} g(x,t'')\xi(t'')\mathrm{d}t''\right]\mathrm{d}t' \cdots + \\
&\int_t^{t+\tau} g(x,t')\xi(t')\mathrm{d}t' + \int_t^{t+\tau} g'(x,t')\left[\int_t^{t'} f(x,t'')\mathrm{d}t''\right]\xi(t')\mathrm{d}t' + \\
&\int_t^{t+\tau} g'(x,t')\left[\int_t^{t'} g(x,t'')\xi(t'')\mathrm{d}t''\right]\xi(t')\mathrm{d}t' \cdots
\end{aligned} \quad (2.30)$$

利用郎之万力的统计性质

$$\left\langle \xi(t_1)\xi(t_2)\cdots\xi(t_{2n-1})\right\rangle = 0 \quad (2.31)$$

$$\left\langle \xi(t_1)\xi(t_2)\cdots\xi(t_{2n})\right\rangle = = (2D)^n \sum[\delta(t_{i1}-t_{i2})\cdots\delta(t_{i2n-1}-t_{i2n})] \quad (2.32)$$

$$\left\langle \xi(t)\right\rangle = 0 \text{ 且 } \left\langle \xi(t)\xi(t')\right\rangle = 2D\delta(t-t') \quad (2.33)$$

可求得各级跃迁矩

$$\begin{cases}
M_1(x,t,\tau) = \left\langle x(t+\tau)-x\right\rangle = [f(x,t)+Dg'(x,t)g(x,t)]\tau + o(\tau^2) \\
M_2(x,t,\tau) = \left\langle [x(t+\tau)-x]^2\right\rangle = 2Dg^2(x,t)\tau + o(\tau^2) \\
\vdots \\
M_n(x,t,\tau) = \left\langle [x(t+\tau)-x]^n\right\rangle \leqslant o(\tau^2)
\end{cases} \quad (2.34)$$

将式（2.34）代入式（2.26）可得

$$\begin{cases}
D_1(x,t) = f(x,t) + Dg'(x,t)g(x,t) \\
D_2(x,t) = Dg^2(x,t) \\
\vdots \\
D_n(x,t) = 0, n \geqslant 3
\end{cases} \quad (2.35)$$

最终将推导出的克莱默斯-莫伊尔展开式在二阶偏微分上自然截断，可得 FPE。

$$\begin{aligned}
\frac{\partial \rho(x,t)}{\partial t} = &-\frac{\partial}{\partial x}\{[f(x,t)+Dg'(x,t)g(x,t)]\rho(x,t)\} + \\
&D\frac{\partial^2}{\partial x^2}[g^2(x,t)\rho(x,t)]
\end{aligned} \quad (2.36)$$

同样，可以得到加性噪声条件下的 FPE，即

$$\frac{\partial \rho(x,t)}{\partial t} = -\frac{\partial}{\partial x}[f(x,t)\rho(x,t)] + D\frac{\partial^2}{\partial x^2}[\rho(x,t)] \quad (2.37)$$

式（2.31）～式（2.33）决定了该 FPE 是基于高斯白噪声性质推导出的，该方程是分析高斯白噪声条件下系统响应的重要工具和数学基础。本书主要研究的是 α 稳定分布噪声条件下的随机共振现象，基于上述思想，我们需要将研究内容、研究结果从高斯噪声推广到 α 稳定分布噪声，通过对 α 稳定分布噪声下双稳态系统输出的分析，得出所需结论。

假定式（2.14）表示的郎之万方程，其中，$\xi(t)$ 是符合 α 稳定分布的白噪声 $\xi_\alpha(t)$，α 稳定分布具有长尾特性，其衰减服从幂律，而非高斯分布的指数衰减，并且其二阶矩不存在，是发散的。在 α 稳定分布噪声驱动下，粒子会发生长程迁移现象。其特征函数可以表示为

$$\tilde{p}(k) = \int p(\xi)\exp(-ik\xi)d\xi = \exp(-D|k|^\alpha), \quad 0 < \alpha \leqslant 2 \qquad (2.38)$$

α 稳定分布具有渐进的幂函数性质[99]，符合

$$P_\alpha(x) \sim |x|^{-1-\alpha} \qquad (2.39)$$

其中，D 表征 α 稳定分布噪声的强度，α 是特征参数，当 $\alpha = 2$ 时，噪声退化为高斯分布噪声。

根据前文推导思路，依据文献[79,100-101]，可以写出 α 稳定分布噪声条件下对应的分数阶福克-普朗克方程（FFPE）：

$$\frac{\partial \rho(x,t)}{\partial t} = -\frac{\partial}{\partial x}[f(x,t)\rho(x,t)] + D\frac{\partial^\alpha}{\partial |x|^\alpha}\rho(x,t) \qquad (2.40)$$

分数阶福克-普朗克方程是 α 稳定分布噪声下 SR 系统输出概率密度的演化方程，依托概率密度这个中间量，可以求取表征系统性能的信噪比、检测概率、虚警概率、误码率、互相关系数、平均首次穿越时间等指标，所以针对随机共振系统输出信号进行分析，基于分数阶福克-普朗克方程求取输出信号概率密度函数是最为直接的方法，概率密度函数的获取，基于 α 稳定分布不可解析表达的特性，本书针对性研究了傅里叶-拉普拉斯逆变换方法和有限差分微分方程求解方法。

2.3 概率密度求解与数值仿真方法研究

2.3.1 傅里叶-拉普拉斯逆变换法求取概率密度

获取非线性系统输出特性，在随机信号处理的范畴，关键在于获得输出信号的概率密度等统计信息，针对此问题，我们一般以随机力对布朗粒子的运动

影响为例进行分析，将其结论直接拓展到信号处理领域，粒子势阱间的跃迁行程可等效为系统输出信号幅度，即用粒子跃迁行为等效信号输出变化。本书关注的噪声类型是 α 稳定分布噪声，需要研究 α 稳定分布噪声驱动下布朗粒子在非线性外力场中的运动问题，Levy 噪声是 α 稳定分布噪声的特例，但是有很多研究者用 Levy 噪声代指 α 稳定分布噪声。如对于 Levy 噪声作用下的粒子运动问题，连续时间随机行走模型（Continuous Time Random Walks，CTRW）非常适合对其机理进行分析研究，CTRW 研究中针对粒子跳转步长的 Levy 分布描述，其实就是 α 稳定分布。本节从 CTRW 分析着手，利用其粒子跳转行为分析引申出傅里叶-拉普拉斯逆变换方法，从而获取 Levy 噪声作用下的系统输出特性。

连续时间随机行走模型是基于已知的跳长密度函数和等待时间密度函数对布朗粒子的运动情况进行描述的模型。假设布朗粒子在空间中随机跳跃，在此我们以一维模型为例分析，跳跃步长用随机变量 r 表示，如果没有外力势场作用，仅 Levy 噪声驱动下，则粒子跳跃步长符合 Levy 分布，高斯噪声作用下，跳跃步长则服从高斯分布，这也是此处可以使用该模型分析 Levy 分布噪声下粒子运动的基本依据。

CTRW 下，假设一次跳转的步长和跳转间等待时间的联合概率分布是 $\Psi(r,t)$，跳转步长的 PDF 是 $f(r)$，注意跳转等待时间指两次跳跃之间的等待时间，跳跃过程使用的时间相对等待时间非常非常小，可以忽略，则

$$f(r) = \int_0^\infty \Psi(r,t)\mathrm{d}t \tag{2.41}$$

跳转时间 PDF 为

$$\psi(t) = \int_{-\infty}^\infty \Psi(r,t)\mathrm{d}r \tag{2.42}$$

假设 $\Psi(r,t)$ 两个变量可以解耦，则可表示为 $\Psi(r,t) = f(r)\psi(t)$，则跳转平均等待时间 T 为

$$T = \int_0^\infty t\psi(t)\mathrm{d}t \tag{2.43}$$

跳转距离方差为

$$\langle r^2(t) \rangle = \int_{-\infty}^{+\infty} r^2 f(r)\mathrm{d}r \tag{2.44}$$

假如 $\eta(x,t)$ 表示粒子在 t 时刻到达位置 x 的 PDF，基于随机过程 Markov 补充方程，$\eta(x,t)$ 等于粒子在 t' 时刻位于 x' 的概率乘以在 $t-t'$ 时间内跳跃 $x-x'$ 步长的概率，则其满足积分形式主方程[102]

$$\eta(x,t) = \int_{-\infty}^{+\infty} dx' \int_0^t \eta(x',t')\Psi(x-x',t-t')dt' + \delta(x)\delta(t) \quad (2.45)$$

式（2.45）中的 $\delta(x)\delta(t)$ 为初值条件，即粒子在 $t=0$ 初始时刻位于 $x=0$ 处，则满足初始条件

$$n_0(x) = n(x,0) = \delta(x); n_0(t) = \eta(0,t) = \delta(t) \quad (2.46)$$

很多情况下，由于时域计算困难，我们可以通过傅里叶、拉普拉斯变换，将计算转换到其相空间进行，下面用顶波浪线表示傅里叶谱，用顶角表示拉普拉斯谱，存在如下变换关系

$$\begin{aligned}
\tilde{f}(k) &= \int_{-\infty}^{\infty} f(r)e^{ik\cdot r}dr = \tilde{F}\{f(r)\} \\
f(r) &= \frac{1}{2\pi}\int_0^{\infty} \tilde{f}(k)e^{-ik\cdot r}dk = \tilde{F}^{-1}\{\tilde{f}(k)\} \\
\hat{\psi}(\omega) &= \int_0^{\infty} e^{-\omega t}\psi(t)dt = \hat{L}\{\psi(t)\} \\
\psi(t) &= \frac{1}{2\pi i}\int_r e^{\omega t}\hat{\psi}(\omega)d\omega = \hat{L}^{-1}\{\hat{\psi}(\omega)\}
\end{aligned} \quad (2.47)$$

对于任意函数 $g(x,t)$，可以定义其傅里叶-拉普拉斯变换为

$$\tilde{\hat{g}}(k,\omega) = \int_{-\infty}^{\infty} e^{ikx}dx \int_0^{\infty} g(x,t)e^{\omega t}dt \quad (2.48)$$

对式（2.45）进行傅里叶-拉普拉斯变换，在满足式（2.46）的初始条件下可得

$$\tilde{\hat{\eta}}(k,\omega) = \tilde{\hat{\eta}}(k,\omega)\tilde{\hat{\Psi}}(k,\omega) + 1 \quad (2.49)$$

变形可得

$$\tilde{\hat{\eta}}(k,\omega) = \frac{1}{1-\tilde{\hat{\Psi}}(k,\omega)} = \frac{1}{1-\hat{\psi}(\omega)\tilde{f}(k)} \quad (2.50)$$

在 t 时刻，设粒子位于 x 处的概率密度是 $n(x,t)$，也就是粒子在 t 时刻到达，并且没有再次跳转的概率，$\eta(x,t)$ 为 t 时刻到达 x 点的概率，令 $\varphi(t)$ 表示粒子在时间区间 $(0,t)$ 没有跳转的概率，则存在

$$\varphi(t) = 1 - \int_0^t \psi(t')dt' \quad (2.51)$$

那么

$$n(x,t) = \int_0^t \eta(x,t')\varphi(t-t')dt' = \eta(x,t) * \varphi(t) \quad (2.52)$$

式（2.51）、式（2.52）关于空间变量 x 作傅里叶变换，关于时间变量 t 作拉普拉斯变换，变化后变量分别用 k、ω 表示，得

$$\hat{\varphi}(\omega) = \frac{1-\hat{\psi}(\omega)}{\omega}$$
$$\tilde{\hat{P}}(k,\omega) = \tilde{\hat{\eta}}(k,\omega)\hat{\varphi}(\omega) \tag{2.53}$$

将式（2.50）代入式（2.53），可得

$$\tilde{\hat{n}}(k,\omega) = \frac{1-\hat{\psi}(\omega)}{\omega}\frac{1}{1-\hat{\psi}(\omega)\tilde{f}(k)} \tag{2.54}$$

将式（2.54）作逆傅里叶-拉普拉斯变换，可以求得布朗粒子空间分布函数

$$n(x,t) = \frac{1}{2\pi}\int e^{-ikx}dk\frac{1}{2\pi i}\int e^{\omega t}\frac{1-\hat{\psi}(\omega)}{\omega}\cdot\frac{1}{1-\hat{\psi}(\omega)\tilde{f}(k)}d\omega \tag{2.55}$$

上面基于连续时间随机游走模型分析了粒子概率分布函数的求取方法，我们一般称 $f(r)$ 为结构函数或者转移概率密度函数，称 $\psi(t)$ 为等待时间分布函数，由于空间分布是多次跳跃连接所得，所以 $f(r)$ 决定了粒子的分布位置，可见只要求出结构函数和等待时间分布函数，布朗粒子的运动规律即可获得。

当没有外力场的作用，粒子仅仅受 α 稳定分布噪声作用时，式（2.40）表示的 FPE 可以简化为

$$\frac{\partial\rho(x,t)}{\partial t} = D\frac{\partial^{\alpha}}{\partial|x|^{\alpha}}\rho(x,t) \tag{2.56}$$

对式（2.56）实施傅里叶变换

$$\tilde{F}\left\{\frac{\partial\rho(x,t)}{\partial t}\right\} = \frac{\partial\tilde{\rho}(k,t)}{\partial t} = \tilde{F}\left\{D\frac{\partial^{\alpha}}{\partial|x|^{\alpha}}\rho(x,t)\right\} = -D|k|^{\alpha}\tilde{\rho}(k,t) \tag{2.57}$$

满足初始条件 $x(0)=0, \rho(x,0)=\delta(x)$ 或者 $\tilde{\rho}(k,0)=1$ 的条件下，可以求出解

$$\tilde{\rho}(k,t) = e^{-Dt|k|^{\alpha}} \tag{2.58}$$

当外场力为恒定外力时，在 α 稳定分布噪声作用下，式（2.40）表示的 FPE 可以表示为

$$\frac{\partial\rho(x,t)}{\partial t} = -\frac{\partial}{\partial x}[f_0\rho(x,t)] + D\frac{\partial^{\alpha}}{\partial|x|^{\alpha}}\rho(x,t) \tag{2.59}$$

对式（2.59）进行傅里叶变换，同样可以得到傅里叶空间的方程

$$\frac{\partial\tilde{\rho}(k,t)}{\partial t} = (-ikf_0 - D|k|^{\alpha})\tilde{\rho}(k,t) \tag{2.60}$$

当满足初始条件 $\tilde{\rho}(k,0)=1$ 时，可以求解得

$$\tilde{\rho}(k,t) = \exp(-t[ikf_0 + D|k|^{\alpha}]) \tag{2.61}$$

当外力势场选择典型的双稳态系统

$$U(x) = -\frac{1}{2}ax^2 + \frac{1}{4}bx^4, \quad a>0, b>0 \tag{2.62}$$

在 Levy 噪声和微弱信号的驱动下,可以表示为

$$\frac{\mathrm{d}x}{\mathrm{d}t} = -U'(x) + A\cos(\omega_0 t + \varphi) + \xi_\alpha(t) \tag{2.63}$$

针对信号处理,数字化后更关注采样点数值,微弱周期信号波峰位置对 SR 信号输出影响更大,用常值 h 表示微弱信号固定时间点采样值,对应的 FFPE 可以简化为

$$\frac{\partial \rho(x,t)}{\partial t} = -\frac{\partial}{\partial x}[(ax - bx^3 + h)\rho(x,t)] + D\frac{\partial^\alpha \rho(x,t)}{\partial |x|^\alpha} \tag{2.64}$$

对 Riesz 微分算子进行傅里叶变换可得

$$\int_{-\infty}^{\infty} \frac{\mathrm{d}^\alpha \rho(x,t)}{\mathrm{d}|x|^\alpha} \exp(\mathrm{i}kx) = -|k|^\alpha \hat{\rho}(k) \tag{2.65}$$

其中,$\hat{\rho}(k)$ 表示 $\rho(x,t)$ 的傅里叶变换,即特征函数。针对信号处理领域的信号响应问题,可以认为系统能够快速到达稳态,系统概率分布不再随时间变化,则有

$$\frac{\partial P(x,t)}{\partial t} = 0 \tag{2.66}$$

式(2.64)可以写为

$$-\frac{\partial}{\partial x}[(ax - bx^3 + h)\rho(x,t)] + D\frac{\partial^\alpha \rho(x,t)}{\partial |x|^\alpha} = 0 \tag{2.67}$$

将式(2.67)进行变换可得

$$b\frac{\mathrm{d}^3 \tilde{\rho}(k)}{\mathrm{d}k^3} + a\frac{\mathrm{d}\tilde{\rho}(k)}{\mathrm{d}k} - \mathrm{i}h\tilde{\rho}(k) = D\frac{|k|^\alpha}{k}\tilde{\rho}(k) \tag{2.68}$$

由于概率密度归一化特性 $\int_{-\infty}^{\infty} \rho(x)\mathrm{d}x = 1$,所以存在

$$\tilde{\rho}(0) = 1 \tag{2.69}$$

同时,由于均值为 0 并存在自然边界条件

$$\left.\frac{\mathrm{d}\tilde{\rho}(k)}{\mathrm{d}k}\right|_{k=0} = \mathrm{i} \cdot E[n(t)] = 0, \quad \lim_{k\to\infty} \tilde{\rho}(k) = 0 \tag{2.70}$$

可依据上述条件求解方程(2.68),但是其中存在虚数项,仅 $h=0, \alpha=1, \alpha=2$ 三种特殊情况才能求出封闭解[79,103-104]。例如当 $\alpha=1$ 时,噪声为柯西噪声,并

且系统没有输入信号时,方程解为

$$\tilde{\rho}(k) = \frac{1}{z-z^*}(-z^* e^{zk} + z e^{z^* k}) \quad (2.71)$$

其中,z 是特征方程(2.72)的复根

$$bz^3 + az - D = 0 \quad (2.72)$$

z 的表达式可求得为

$$z = -\frac{u+w}{2} + i\sqrt{3}\frac{u-w}{2} \quad (2.73)$$

其中

$$u^3 = \frac{D}{2b} + \sqrt{\frac{D^2}{4b^2} + \frac{a^3}{27b^3}}$$

$$w^3 = \frac{D}{2b} - \sqrt{\frac{D^2}{4b^2} + \frac{a^3}{27b^3}} \quad (2.74)$$

将求出的 $\tilde{\rho}(k)$ 进行傅里叶逆变换即可得到概率密度解析解。但是当存在输入信号即 $h \neq 0$,且 $\alpha \neq 1, \alpha \neq 2$ 时该方法无法求出对应条件下输出信号概率密度的解析表达,但是可以采用数值方法获取。傅里叶-拉普拉斯逆变换法限制条件多,很多情况下还需归于数值计算方式,文献[105]阐述了一种直接采用差分格式求解的思路,本书针对电子信号特征,基于此方法提出了一种基于判决时刻的简化有限差分求解概率密度方法,在后续研究中用于理论结果的求取。下面首先对如何利用有限差分法的求解 Levy 噪声条件下 SR 系统输出进行分析。

2.3.2 有限差分法求解概率密度

2.3.2.1 系统模型

前面所述连续时间随机游走模型,在长跳跃情况下,其主要特征是跳跃时间有限,但是跳跃步长的方差不存在,跳跃步长的概率密度函数符合 Levy 分布,这样我们研究的问题就从高斯噪声条件推广到了 Levy 噪声条件。

长跳跃也可以用分数阶福克-普朗克方程表示,求解此方程,即可得到非线性系统输出信号的概率密度,为下一步研究信号输出信噪比、误码率等提供基础。

同样选用式(2.62)表示的双稳态系统,在 Levy 噪声和微弱信号的驱动下,可以表示为

$$\frac{dx}{dt} = -U'(x) + s(t) + \xi_\alpha(t) \quad (2.75)$$

其中:$\xi_\alpha(t)$ 表示的是 Levy 噪声,α 为其特征指数;$U(x)$ 为表示外力势场的函

数，$s(t)$ 表示微弱周期信号。令
$$F(x) = -U'(x) + s(t) \tag{2.76}$$
在 Levy 噪声驱动下，对应的分数阶福克-普朗克方程可以表示为
$$\frac{\partial P(x,t)}{\partial t} = -\frac{\partial}{\partial x}[F(x)P(x,t)] + D\frac{\partial^{\alpha} P(x,t)}{\partial |x|^{\alpha}} \tag{2.77}$$
根据分数阶微分方程求解理论，Riesz 算子 $\partial^{\alpha}/\partial |x|^{\alpha}$ 可以定义为[106]
$$\frac{\partial^{\alpha} P(x,t)}{\partial |x|^{\alpha}} = \frac{D_+^{\alpha} P(x,t) + D_-^{\alpha} P(x,t)}{2\cos(\pi\alpha/2)} \tag{2.78}$$
其中，$D_+^{\alpha} P(x,t)$、$D_-^{\alpha} P(x,t)$ 分别为左手方向、右手方向分数阶微分算子，可以定义为
$$D_+^{\alpha} P(x,t) = \frac{1}{\Gamma(2-\alpha)} \frac{d^2}{d^2 x} \int_{-\infty}^{x} \frac{P(\eta,t) d\eta}{(x-\eta)^{\alpha-1}}$$
$$D_-^{\alpha} P(x,t) = \frac{1}{\Gamma(2-\alpha)} \frac{d^2}{d^2 x} \int_{x}^{\infty} \frac{P(\eta,t) d\eta}{(\eta-x)^{\alpha-1}} \tag{2.79}$$

从式（2.79）的积分项可见，系统输出信号概率密度函数与整个 $(-\infty,\infty)$ 区间都相关，这是高斯分布噪声条件下所不具备的现象，所以需要详细求解出概率密度函数，分析 Levy 噪声驱动下，双稳态系统的输出特性。

2.3.2.2 求解过程

Levy 噪声除特征参数 $\alpha \neq 1, \alpha \neq 2$ 等特殊情况下概率密度函数可以解析表达，其他情况下都没有解析的表达式。所以在 Levy 噪声和外部信号作用下，双稳态系统对应的分数阶微分方程也不存在解析解，在这里我们使用 Grünwald-Letnikov 分数阶微分方程差分方法进行求解[107]，简称为 GL 法。首先对时间和空间进行离散化，即将时间域 $[0,T]$ 划分为间距 $\Delta t = T/L$ 的节点 t_n，则
$$t_n = n\Delta t, n = 0,1,2,3,\cdots,L \tag{2.80}$$
将空间域 $[x_L, x_R]$ 也进行划分，按照 $\Delta x = (x_R - x_L)/N$ 的间距划分位置点为
$$x_j = x_L + j\Delta x, j = 0,1,2,3,\cdots,N \tag{2.81}$$
由式（2.79）可见，分数阶微分方程求解对应的积分范围是 $(-\infty,x),(x,\infty)$，在此我们的计算范围设定为 $[x_L, x_R]$，实际上是做了截断，忽略了 $(-\infty, x_L),(x_R, \infty)$ 上的概率，我们可以根据解决的实际物理问题，通过选择合适的 x_L 和 x_R 来决定计算精度。定义 t_n 时刻，粒子处于位置 x_j 的概率密度为 $P_j^n = P(x_j, t_n)$，可得 Riesz 算子离散格式为[108]

$$\frac{\partial^\alpha P_j^n}{\partial |x|^\alpha} = -\frac{1}{2(\Delta x)^\alpha \cos(\pi\alpha/2)} \sum_{k=0}^{J} C_k (P_{j+1-k}^n + P_{j-1+k}^n) \tag{2.82}$$

其中

$$C_k = (-1)^k \binom{\alpha}{k} = (-1)^k \frac{\Gamma(\alpha+1)}{\Gamma(k+1)\Gamma(\alpha-k+1)} \tag{2.83}$$

当 k 变大时，C_k 会趋于 0，所以我们可以根据工程问题的精度需求，用一定范围内计算结果代替整体计算结果。基于式（2.80）～式（2.82），前面空间 FFPE 式（2.77）可以变换为离散格式

$$\begin{aligned}\frac{P_j^{n+1} + P_j^n}{\Delta t} &= -F'(x_j)P_j^{n+1} - F(x_j)\frac{P_{j+1}^{n+1} + P_{j-1}^{n+1}}{2\Delta x} \\ &\quad - \frac{D}{2(\Delta x)^\alpha \cos(\pi\alpha/2)} \sum_{k=0}^{J} C_k (P_{j+1-k}^{n+1} + P_{j-1+k}^{n+1})\end{aligned} \tag{2.84}$$

移项可得

$$[1 + \Delta t \cdot F'(x_j)]P_j^{n+1} + \frac{\varepsilon}{2}F(x_j)P_{j+1}^{n+1} - \frac{\varepsilon}{2}F(x_j)P_{j-1}^{n+1} + \sum_{k=0}^{J} M \cdot C_k (P_{j+1-k}^n + P_{j-1+k}^n) = P_j^n \tag{2.85}$$

其中

$$\varepsilon = \Delta t / \Delta x, \quad M = \frac{D\Delta t}{2(\Delta x)^\alpha \cos(\pi\alpha/2)}$$

式（2.85）可以变形为矩阵方程

$$T\{P\}^{n+1} = \{P\}^n \tag{2.86}$$

系数矩阵 T 为

$$T_{i,j} = \begin{cases} 1 + \Delta t \cdot F'(x_i) + 2MC_1, & i = j \\ \frac{\varepsilon}{2}F(x_i) + M(C_0 + C_2), & j = i+1 \\ -\frac{\varepsilon}{2}F(x_i) + M(C_0 + C_2), & j = i-1 \\ MC_{j-i+1}, & j \geq i+2 \\ MC_{i-j+1}, & j \leq i-2 \end{cases} \tag{2.87}$$

式中：$i = 0,1,2,3,\cdots,N-1$；$j = 0,1,2,3,\cdots,N-1$；$\{P\} = [P_1 \; P_2 \; P_3 \; \cdots P_{N-1}]^T$。同时，矩阵方程满足边界条件 $P_0 = P_N = 0$，$\{P\} = [P_1 \; P_2 \; P_3 \; \cdots P_{N-1}]^T$ 满足归一化条件

$$\sum_{k=1}^{N-1} P_k \Delta x = 1 \tag{2.88}$$

我们首先对系数矩阵赋值,然后采用高斯消元法可求出分数阶福克-普朗克方程的离散解,该方法是后续获得 SR 系统理论输出主要手段。

2.3.3 数值仿真方法研究

随机共振系统分析涉及郎之万方程、福克-普朗克方程等微分方程,前面我们分析了用傅里叶-拉普拉斯逆变换、有限差分法求解概率密度的方法,随着计算机技术的发展,由仿真方法模拟系统演化或者输出的方法应用也越来越广泛,其中龙格-库塔方法使用最多。下面我们首先分析龙格-库塔方法的一般形式,并给出 α 稳定分布噪声条件下的特殊形式。

针对微弱信号和噪声共同激励的双稳态系统可以简化表示为

$$\frac{dx}{dt} = f(x,t) \tag{2.89}$$

可得如下计算过程

$$x^{n+1} = x^n + \tau\phi(x^n, t^n, \tau), \quad n = 0, 1, 2, \cdots, \tag{2.90}$$

其中

$$\phi(x(t), t, \tau) = \sum_{i=1}^{m} c_i k_i \tag{2.91}$$

$$\begin{cases} k_1 = f(x, t) \\ k_2 = f(x(t) + \tau b_{21} k_1, t + \tau a_2) \\ k_3 = f(x(t) + \tau(b_{31} k_1 + b_{31} k_1), t + \tau a_3) \\ \vdots \\ k_m = f(x(t) + \tau \sum_{j=1}^{m-1}(b_{mj} k_j), t + \tau a_m) \end{cases} \tag{2.92}$$

$$\sum_{i=1}^{m} c_i = 1, \ c_i \geqslant 0 \ ; \ \sum_{j=1}^{i-1} b_{ij} = a_i, \ i = 2, 3, \cdots, m \tag{2.93}$$

式(2.91)~式(2.93)中,τ 为步长;系数 a_i、b_{ij}、c_i 可基于如下方式得到:将表达式 k_i 关于 τ 作泰勒展开,展开后将其代入式(2.91),使 τ 的幂次与式(2.94) τ 的幂次相同的项系数相等,这样得到的就是 p 阶龙格-库塔方法的一般表达式。

$$\phi(x(t), t, \tau) = \sum_{j=1}^{p} \frac{\tau^{j-1}}{j!} \frac{d^{j-1}}{dt^{j-1}} f(x(t), t) \tag{2.94}$$

根据式（2.94），可以得到最常用的四阶龙格-库塔算法

$$x^{n+1} = x^n + \frac{\tau}{6}(k_1 + 2k_2 + 2k_3 + k_4) \quad (2.95)$$

其中

$$\begin{cases} k_1 = f(x^n, t^n) \\ k_2 = f\left(x^n + \frac{1}{2}\tau k_1, t^n + \frac{\tau}{2}\right) \\ k_3 = f\left(x^n + \frac{1}{2}\tau k_2, t^n + \frac{\tau}{2}\right) \\ k_4 = f(x^n + \tau k_3, t^n + \tau) \end{cases} \quad (2.96)$$

文献[109]中，Weron 等证明 Levy 过程具有 $1/\alpha$ 自相似性，即对于任意常数 $c>0$，过程 $\{X(ct): t \geqslant 0\}$ 和 $\{c^{1/\alpha}X(t): t \geqslant 0\}$ 有相同分布，那么在 α 稳定分布噪声条件下，采用龙格-库塔方法进行仿真的表达式可以写为

$$x^{n+1} = x^n + \frac{\tau}{6}(k_1 + 2k_2 + 2k_3 + k_4) + h^{1/\alpha} \times \xi(n) \quad (2.97)$$

上述为龙格-库塔方法实现微分方程系统输出模拟的基本方法，后面我们可以根据此方法实现系统数值仿真，得到 SR 输出信号的时域表示，与理论方法进行对照研究。

2.4 典型随机共振系统分析方法研究

随机共振是典型随机力作用下的非线性系统响应问题，双稳态系统模型是随机共振研究最早最常使用的模型，受到外部噪声和周期力作用的双稳态系统可以看作一个过阻尼布朗粒子在双势阱中进行运动，一般可用郎之万方程描述其运动轨迹，经典随机共振研究的噪声形式是高斯白噪声，所以在噪声驱动下，粒子的运动可以看作一个随机过程，扩展到信号处理领域，一般用粒子偏离中心点的位置来表征信号幅度。针对随机粒子运动轨迹，一般很难解析表达，所以研究粒子位置概率分布成为解决方案。求解福克-普朗克方程，得到输出信号概率密度，并基于概率密度计算输出信号功率谱密度、信噪比等，是最常用的分析方法。前面我们已经针对福克-普朗克方程求解问题进行了专门分析，由于很多情况下 FPE 中含有时变项，所以不能求出概率密度函数的解析表达式，前面我们提出了基于采样时刻的有限差分求解方法，在随机共振分析领域，绝热近似理论为系统解析提供了近似和假定条件，并给出解析过程。下面应用经典随机共振理论对 SR 系统输出信号进行分析，相关结论可作为后期 α 稳定分布噪声条件下开展研究的参照和依据。

2.4.1 经典双稳态系统模型

双稳态系统是经典随机共振理论采用的势函数系统，由于其非线性作用的典型性，在物理、化学、故障检测、通信信号处理等领域都有着广泛应用，不考虑外部噪声和周期力作用的条件下，粒子运动宏观方程可以表示为

$$\begin{cases} \dfrac{\mathrm{d}x}{\mathrm{d}t} = -U'(x) \\ U(x) = -\dfrac{1}{2}ax^2 + \dfrac{1}{4}bx^4, \quad a>0, b>0 \end{cases} \tag{2.98}$$

双稳态势函数 $U(x)$ 形状如图 2.1 所示。

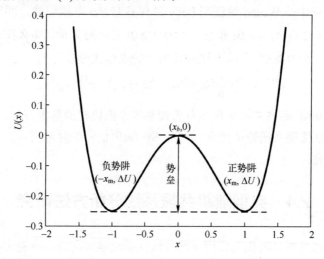

图 2.1 双稳态势函数形状图（$a=1, b=1$）

如图 2.1 所示双稳态势函数有两个低点，我们称为势阱，势阱的位置分别在 $\pm x_m = \pm\sqrt{a/b}$ 处；两个势阱间有一个高点，我们称为势垒，势垒位于 $x=0$ 处，势垒的高度 $\Delta U = a^2/(4b)$。

粒子在这样的双稳态系统中运动，当仅仅噪声存在，或者仅有微弱信号驱动的情况下，噪声和微弱信号都不足以驱动粒子翻越势垒，粒子只能在势阱中运动。在噪声和微弱信号共同作用下，达到某个状态时，可使得粒子翻越势垒，在两个势阱之间发生反复跃迁，且跃迁的频率由微弱信号的周期决定，我们称为发生了随机共振。在共振条件下，系统在两个稳态 $\pm\sqrt{a/b}$ 之间跃迁，$2\sqrt{a/b}$ 的电压差远远大于微弱信号幅度，其跃迁输出等同于对微弱信号进行了放大处理，这也是我们用随机共振方法检测微弱信号的基本依据。在描述过程中，为了更直观、易于理解，我们经常用粒子在双稳态系统中的运动为例进行阐述，实际研究中针对

的是信号处理层面的问题，下面基于概率分布对系统输出特性进行分析。

2.4.2 绝热近似理论下 SR 系统输出信噪比的求取

经典随机共振理论下，微弱信号和噪声共同激励的双稳态系统可以表示为

$$\frac{dx}{dt} = ax - bx^3 + A\cos(\omega_0 t + \varphi) + \eta(t) \tag{2.99}$$

微弱周期信号表示为 $A\cos(\omega_0 t + \varphi)$，一般取初始相位为 0，即 $A\cos(\omega_0 t)$，$\eta(t)$ 为强度为 D 的高斯白噪声。

绝热近似理论是随机共振的重要理论，主要针对小参数条件，即在输入信号幅度 $A \ll 1$、信号频率 $\omega_0 \ll 1$、噪声强度 $D \ll 1$ 的条件下，解释了双稳态系统输出信噪比随噪声强度的变化规律及原因。首先，因为输入信号幅度、噪声强度符合小信号要求，可以保证粒子运动的轨迹基本保持按照原来势函数决定的轨迹运行，并且势阱、势垒的位置基本不变。同时，输入信号频率 $\omega \ll 1$ 的要求保证了随机共振达到稳态后，粒子在两个势阱之间切换的时间远远大于运动粒子在某个势阱内达到平衡的时间，可以认为粒子在单势阱内的概率平衡是瞬间完成的。绝热近似条件下，粒子在两个势阱间的跃迁行为可以简化为 $P_-(t)$ 和 $P_+(t)$ 的方程，定义 $P_-(t)$、$P_+(t)$ 为粒子在 t 时刻进入势阱 $-\sqrt{a/b}$ 和 $\sqrt{a/b}$ 的概率，根据绝热近似理论，认为粒子进入势阱后，瞬间达到概率平衡，所以也可以认为 $P_-(t)$、$P_+(t)$ 为粒子 t 时刻处于位置 $-\sqrt{a/b}$ 和 $\sqrt{a/b}$ 的概率，即

$$P_{\pm}(t) \stackrel{\text{def}}{=\!=} P(x(t) = \pm\sqrt{a/b}) \tag{2.100}$$

双稳态系统仅仅在噪声作用下，没有周期信号加入时，系统在两个稳态间的跃迁完全由噪声决定，速率是常数 r_K，称为克莱默斯跃迁率，与之对应两个稳态之间的转移概率密度也是常数。但是在周期信号的作用下，转移概率密度不再是常数，而成为时间 t 函数，我们一般记为 $R_-(t)$、$R_+(t)$。$R_-(t)$ 为 t 时刻从负势阱跃迁到正势阱的概率，$R_+(t)$ 为 t 时刻从正势阱跃迁到负势阱的概率。

相对于前面的分析方法，绝热近似条件下增加了一个重要假设，即用 $-\sqrt{a/b}$ 和 $\sqrt{a/b}$ 两个位置的粒子分布概率代替了粒子在正负势阱的概率，没有考虑势阱内概率的变化情况。这时就会有

$$P_-(t) + P_+(t) = 1 \tag{2.101}$$

且存在概率跃迁的主方程

$$\begin{cases} \dfrac{dP_-(t)}{dt} = -R_-(t)P_-(t) + R_+(t)P_+(t) \\ \dfrac{dP_+(t)}{dt} = -R_+(t)P_+(t) + R_-(t)P_-(t) \end{cases} \tag{2.102}$$

根据式（2.101）可得

$$P_+(t) = 1 - P_-(t) \quad (2.103)$$

代入方程组式（2.102）可得 $P_-(t)$ 和 $P_+(t)$ 的微分方程

$$\frac{dP_-(t)}{dt} = R_+(t) - [R_+(t)+R_-(t)]P_-(t) \quad (2.104)$$

$$\frac{dP_+(t)}{dt} = R_-(t) - [R_+(t)+R_-(t)]P_+(t) \quad (2.105)$$

直接求解可得

$$P_-(t) = g^{-1}(t)[P_-(t_0) + \int_{t_0}^{t} R_+(\tau)g(\tau)d\tau] \quad (2.106)$$

$$P_+(t) = g^{-1}(t)[P_+(t_0) + \int_{t_0}^{t} R_-(\tau)g(\tau)d\tau] \quad (2.107)$$

其中

$$g(\tau) = \exp\left\{\int_{t_0}^{t} [R_+(\tau) + R_-(\tau)]d\tau\right\} \quad (2.108)$$

假设 $R_\pm(t)$ 可以写为以下形式

$$R_\pm(t) = f(\alpha \pm \beta \cos \omega_0 t) \quad (2.109)$$

展开可得

$$R_\pm(t) = \frac{1}{2}(R_0 \mp R_1 \beta \cos \omega_0 t + R_2 \beta^2 \cos^2 \omega_0 t \mp \cdots) \quad (2.110)$$

其中

$$\frac{1}{2}R_0 = f(\alpha), \quad \frac{1}{2}R_n = \frac{(-1)^n}{n!}\frac{d^n f(\alpha)}{d\bar{\beta}^n}, \quad \bar{\beta} = \beta \cos \omega_0 t$$

可得

$$R_+(t) + R_-(t) = R_0 + R_2 \beta^2 \cos^2 \omega_0 t + \cdots \quad (2.111)$$

其中，系数 $\beta \propto A$。

将式（2.110）展开至 β 取 1 次项，并将其带入微分方程的解式（2.106）、式（2.107），可得

$$P_\pm(t) = \frac{1}{2}\left\{e^{-R_0(t-t_0)}\left[2P_\pm(t_0) - 1 \mp \frac{R_1 \beta \cos(\omega_0 t_0 - \theta)}{(R_0^2 + \omega_0^2)^{1/2}}\right] + 1 \pm \frac{R_1 \beta \cos(\omega_0 t - \theta)}{(R_0^2 + \omega_0^2)^{1/2}}\right\}$$

$$(2.112)$$

其中

$$\sin \theta = \frac{\omega_0}{(R_0^2 + \omega_0^2)^{1/2}}, \quad \cos \theta = \frac{R_0}{(R_0^2 + \omega_0^2)^{1/2}} \quad (2.113)$$

当 $t_0 \to -\infty$ 时，$P_{\pm}(t)$ 趋近于渐进解 $P_{\pm}^s(t)$：

$$P_{\pm}^s(t) = \lim_{t_0 \to -\infty} P_{\pm}(t) = \frac{1}{2}\left[1 \pm \frac{R_1\beta\cos(\omega_0 t - \theta)}{(R_0^2 + \omega_0^2)^{1/2}}\right] \quad (2.114)$$

由式（2.114）可见，微分方程的解是 t 的函数，是渐进解而不是定态解，但是与 t_0 时刻的概率密度无关。定义跃迁概率密度 $P_i(t+\tau|j,t)$ 表示 t 时刻位于 j 区域的系统在 $t+\tau$ 时刻跃迁到 i 区域的概率，根据前面分析的双稳态系统粒子跃迁的过程，定义"+"、"–"分别对应双稳态系统的正、负势阱，将正负势阱与跃迁概率密度的"i、j"区域分别对应，则如微分方程的解式（2.114），令 $t - t_0 = \tau$，并且在求取 $P_{\pm}(t+\tau|+,t)$ 时，$P_+(t_0) = P_+(t) = 1$，$P_-(t_0) = P_-(t) = 0$，在求取 $P_{\pm}(t+\tau|-,t)$ 时，$P_+(t_0) = P_+(t) = 0$，$P_-(t_0) = P_-(t) = 1$，所以可得跃迁概率

$$P_+(t+\tau|+,t) = \frac{1}{2}\left\{e^{-R_0\tau}\left[1 - \frac{R_1\beta\cos(\omega_0 t - \theta)}{(R_0^2 + \omega_0^2)^{1/2}}\right] + 1 \pm \frac{R_1\beta\cos[\omega_0(t+\tau) - \theta]}{(R_0^2 + \omega_0^2)^{1/2}}\right\}$$

$$(2.115)$$

$$P_-(t+\tau|+,t) = \frac{1}{2}\left\{e^{-R_0\tau}\left[-1 + \frac{R_1\beta\cos(\omega_0 t - \theta)}{(R_0^2 + \omega_0^2)^{1/2}}\right] + 1 \pm \frac{R_1\beta\cos[\omega_0(t+\tau) - \theta]}{(R_0^2 + \omega_0^2)^{1/2}}\right\}$$

$$(2.116)$$

$$P_+(t+\tau|-,t) = \frac{1}{2}\left\{e^{-R_0\tau}\left[-1 - \frac{R_1\beta\cos(\omega_0 t - \theta)}{(R_0^2 + \omega_0^2)^{1/2}}\right] + 1 \pm \frac{R_1\beta\cos[\omega_0(t+\tau) - \theta]}{(R_0^2 + \omega_0^2)^{1/2}}\right\}$$

$$(2.117)$$

$$P_-(t+\tau|-,t) = \frac{1}{2}\left\{e^{-R_0\tau}\left[1 + \frac{R_1\beta\cos(\omega_0 t - \theta)}{(R_0^2 + \omega_0^2)^{1/2}}\right] + 1 \pm \frac{R_1\beta\cos[\omega_0(t+\tau) - \theta]}{(R_0^2 + \omega_0^2)^{1/2}}\right\}$$

$$(2.118)$$

为求系统输出功率谱，需要先求取自相关函数

$$R_X(t, t+\tau) = \langle x(t)x(t+\tau)\rangle = \lim_{t_0 \to -\infty} \iint xy P(y, t+\tau|x, t)\rho(x, t) \quad (2.119)$$

绝热近似条件下，认为 $P_{\pm}(t)$ 的概率绝大多数集中在 $\pm\sqrt{a/b}$ 的邻域内，粒子在正负势阱 $\pm\sqrt{a/b}$ 之间跃迁，所以当粒子"+"→"+"跃迁时，$x(t) = x(t+\tau) = \sqrt{a/b}$，当从正势阱到负势阱跃迁时，$x(t) = \sqrt{a/b}$，$x(t+\tau) = -\sqrt{a/b}$。负势阱起始的跃迁行为与正势阱相同。同时，连续变量的跃迁概率和分布函数分别由 +、– 区域的跃迁概率和分布代替，并用乘积因子代替积分，可得

$$\langle x(t)x(t+\tau)\rangle = \lim_{t_0 \to -\infty} \sqrt{a/b} \cdot \sqrt{a/b}[P_+(t+\tau|+,t)P_+(t) + P_-(t+\tau|-,t)P_-(t) - P_-(t+\tau|+,t)P_+(t) - P_+(t+\tau|-,t)P_-(t)] \quad (2.120)$$

在渐进状态，可将式（2.114）～式（2.118）代入式（2.120），可得

$$\langle x(t)x(t+\tau)\rangle = \lim_{t_0 \to -\infty} \sqrt{a/b} \cdot \sqrt{a/b}[P_+(t+\tau|+,t)P_+^s(t) + P_-(t+\tau|-,t)P_-^s(t)$$
$$- P_-(t+\tau|+,t)P_+^s(t) - P_+(t+\tau|-,t)P_-^s(t)]$$
$$= \frac{a}{b}e^{-R_0|\tau|}\left[1 - \frac{R_1^2\beta^2 \cos^2(\omega_0 t - \theta)}{R_0^2 + \omega_0^2}\right] \quad (2.121)$$
$$+ \frac{aR_1^2\beta^2\{\cos\omega_0\tau + \cos[\omega_0(t+\tau)+2\theta]\}}{2b(R_0^2+\omega_0^2)}$$

针对上述自相关函数对时间求平均可得

$$\langle x(t)x(t+\tau)\rangle_{t\text{平均}} = \frac{1}{2\pi/\omega_0}\int_0^{2\pi/\omega_0}\langle x(t)x(t+\tau)\rangle$$
$$= \frac{a}{b}e^{-R_0|\tau|}\left[1 - \frac{R_1^2\beta^2}{2(R_0^2+\omega_0^2)}\right] + \frac{aR_1^2\beta^2\cos\omega_0\tau}{2b(R_0^2+\omega_0^2)} \quad (2.122)$$

可见该自相关函数仅仅和 τ 相关，系统输出变量功率谱为自相关函数的傅里叶变换：

$$S(\omega) = \int_{-\infty}^{+\infty}\langle x(t)x(t+\tau)\rangle_{t\text{平均}}e^{-j\omega\tau}d\tau = S_1(\omega) + S_2(\omega) \quad (2.123)$$

其中

$$S_1(\omega) = \frac{a\pi R_1^2\beta^2}{2b(R_0^2+\omega_0^2)}[\delta(\omega-\omega_0) + \delta(\omega+\omega_0)] \quad (2.124)$$

$$S_2(\omega) = \left[1 - \frac{R_1^2\beta^2}{2(R_0^2+\omega_0^2)}\right]\frac{2aR_0}{b(R_0^2+\omega^2)} \quad (2.125)$$

根据上述表达式可见，$S_1(\omega)$ 只有在 $\omega=\omega_0$、$\omega=-\omega_0$ 时才有信号，与输入的周期信号同频，所以来源于输入信号，一般用正频谱表达

$$S_1(\omega) = \frac{a\pi R_1^2\beta^2}{2b(R_0^2+\omega_0^2)}\delta(\omega-\omega_0) \quad (2.126)$$

$S_2(\omega)$ 来源于双稳态系统噪声的输出。

为了能量化求出随机共振系统输出信噪比，需要先求出 $S_1(\omega)$、$S_2(\omega)$ 中包含的 R_0、R_1、β 等未知量。因为 $\omega_0 \ll 1$，所以认为系统有足够时间能够达到准定态解，可以表达为

$$\rho_s(x,t) = Ne^{-U(x)/D} = N\exp\left[\frac{1}{D}\left(\frac{1}{2}ax^2 - \frac{1}{4}bx^4 + Ax\cos\omega_0 t\right)\right] \quad (2.127)$$

势函数 $U(x)$ 可以记为

$$U(x) = -\frac{1}{2}ax^2 + \frac{1}{4}bx^4 - Ax\cos\omega_0 t \quad (2.128)$$

稳态时转移概率密度为常数，可以表示为

$$R_- = \frac{1}{2\pi}\sqrt{U''(-\sqrt{a/b})U''(0)}\exp\left[\frac{U(-\sqrt{a/b})}{D} - \frac{U(0)}{D}\right] \quad (2.129)$$

$$R_+ = \frac{1}{2\pi}\sqrt{U''(\sqrt{a/b})U''(0)}\exp\left[\frac{U(\sqrt{a/b})}{D} - \frac{U(0)}{D}\right] \quad (2.130)$$

将 $U(x)$ 代入进行计算，可得概率密度转移函数

$$R_\pm(t) = \frac{a}{\sqrt{2\pi b}}e^{-[U(0)-U(\pm\sqrt{a/b})]/D} = \frac{a}{\sqrt{2\pi b}}e^{-[a^2/4b^2 \pm A\sqrt{a/b}\cos\omega_0 t]/D} \quad (2.131)$$

将式（2.131）变为 $R_\pm(t) = \frac{1}{2}(R_0 \mp R_1\beta\cos\omega_0 t)$ 的形式，可求出

$$R_0 = \frac{\sqrt{2}a}{\pi b}e^{-a^2/4b^2} \quad (2.132)$$

$$R_1\beta = \frac{R_0 A\sqrt{a/b}}{D} \quad (2.133)$$

将 R_0、$R_1\beta$ 代入 $S_1(\omega)$、$S_2(\omega)$ 表达式，可得

$$S_1(\omega) = \frac{2a^4 A^2 e^{-a^2/(2b^2 D)}/(\pi D^2)}{b^4[2(a^2/b^2)e^{-a^2/(2b^2 D)}/\pi^2 + \omega_0^2]}\delta(\omega - \omega_0) \quad (2.134)$$

$$S_2(\omega) = \left[1 - \frac{a^3 A^2 e^{-a^2/(2b^2 D)}/(\pi^2 D^2)}{b^3[2(a^2/b^2)e^{-a^2/(2b^2 D)}/\pi^2 + \omega_0^2]}\right]\left[\frac{4\sqrt{2}a^2 e^{-a^2/(4b^2 D)}/\pi}{b^2[2(a^2/b^2)e^{-a^2/(2b^2 D)}/\pi^2 + \omega^2]}\right] \quad (2.135)$$

定义局部信噪比 SNR_L 为输出信号总功率与噪声中同频率处噪声平均功率之比

$$P_S = \int_0^\infty S_1(\omega)d\omega \quad (2.136)$$

$$\text{SNR}_L = \frac{P_S}{S_2(\omega=\omega_0)} \quad (2.137)$$

将式（2.135）、式（2.136）代入式（2.137）可得

$$\text{SNR}_L = \frac{\sqrt{2}a^2 A^2 e^{-a^2/(4b^2 D)}}{4b^2 D^2}\left[1 - \frac{a^3 A^2 e^{-a^2/(2b^2 D)}/(\pi^2 D^2)}{b^3[2(a^2/b^2)e^{-a^2/(2b^2 D)}/\pi^2 + \omega_0^2]}\right]^{-1} \quad (2.138)$$

在 $A \ll 1$ 时，式（2.138）第二项可以为 1，则

$$\mathrm{SNR_L} = \frac{\sqrt{2}a^2 A^2 \mathrm{e}^{-a^2/(4b^2 D)}}{4b^2 D^2} \tag{2.139}$$

式（2.139）给出了随机共振系统输出信噪比的表达式，基于这个表达式可以绘制出系统输出信噪比和噪声强度 D 的关系曲线，如图 2.2 所示，可以看到随着噪声强度不断增加，输出信噪比呈现异常的先增加后减小情况，并且有明显的峰值出现，这是典型的随机共振现象。本书在绝热近似理论下，通过近似方法，对随机共振进行了理论分析，相关分析方法和近似条件可以作为 α 稳定分布噪声条件下随机共振研究的依据，最终形成基于信噪比变化对随机共振现象的判定，也是我们后续研究采用的主要方法。

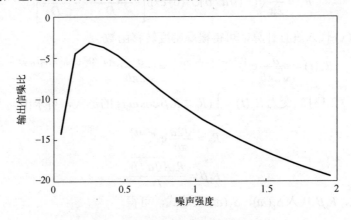

图 2.2　输出信噪比和噪声强度关系图

2.5　本章小结

针对随机力作用下的非线性系统分析问题，本章从物理学运动粒子的分析着手分析，将信号变化引申为粒子在非线性系统中的运动，用粒子跃迁行程表征信号幅度，引入了郎之万方程和福克-普朗克方程两种重要分析工具，根据 α 稳定分布噪声特点，以 Levy 噪声驱动的 CTRW 为背景，分析了傅里叶-拉普拉斯逆变换求取概率密度方法；重点研究了基于福克-普朗克方程的概率密度求取方法，分析了有限差分法求解分数阶 FPE 的机理和过程，并研究了基于郎之万方程的数值仿真方法。最后具体到经典随机共振系统分析，按照概率密度求解、自相关函数和输出功率谱密度求取、输出信噪比计算的过程，对系统输出特性进行了分析，分析过程和结论为下一步通信信号随机共振检测理论的研究提供了理论和方法支撑。

第3章 基于α稳定分布的脉冲型噪声条件构建研究

本书针对战场电磁环境特点，开展脉冲噪声条件下随机共振信号检测方法研究，本章研究了噪声模型选择、构建及参数估计等相关问题，主要解决了无线通信背景下随机共振研究的噪声条件问题。战场电磁环境以脉冲型噪声为主要成分，但是由于地理位置、应用场景、发射源类型及技术性能等因素千差万别，很难用统一的模型来描述战场电磁环境噪声，本书在研究相关噪声生成、参数估计方法的基础上，以特定的工作场景为目标，基于α稳定分布模型进行参数估计，构建了噪声模型，所得结果虽不能完全代表战场电磁噪声，但是在一定程度上形成了对战场脉冲型噪声模型的参数描述，可作为后续随机共振噪声条件生成的参考，提高了研究结果的针对性。

3.1 脉冲型噪声模型选择

随机共振的特殊之处在于对噪声能量的利用，微弱信号利用噪声的能量驱动粒子在两个势阱间震荡，本质是实现了噪声能量向信号的迁移，提高了信噪比。噪声条件是随机共振的重要要素，同时噪声也是通信系统性能度量的重要外部条件。所以，利用随机共振方法在DSFH通信系统中完成通信信号接收，建立合适的噪声模型是研究系统检测接收性能的关键。战场范围内，噪声源多样，空间位置多变，传播信道不确定，影响环境噪声的因素非常复杂，如何科学地构建匹配的噪声模型是首先需要解决的难点问题。

经典随机共振以高斯白噪声作为噪声条件，传统通信信号处理领域也多用高斯分布作为噪声模型，主要是因为高斯分布满足中心极限定理，一阶矩、二阶矩有限，方便进行信号分析、参数估计和滤波等处理运算。尽管高斯分布有着很强的理论依据和广泛应用，但是大量研究发现，在一些情况下使用高斯分布作为噪声模型并不合适，基于高斯分布形成的算法在实际应用中会引起系统性能下降甚至失效。特别是，高斯分布并不适合去描述可能产生大量数据突变，也就是脉冲性很强的噪声条件。

针对高频无线通信，高斯模型能够较好模拟噪声环境，但随着通信频率降低，噪声的脉冲性会越来越明显。战术无线电台通信频率一般为3～88MHz，在该频段内，由于大量电气化设施、用频设备的使用，在北极[110]、中国多地[111-112]、澳大利亚[113]等地的背景噪声测量结果表明，整个噪声体系中人为窄带信号干扰和脉冲噪声已经占据主导地位，相对ITU-R P.372提供的噪声标准大约提升了20dB[114]。战场范围无线通信的电磁环境中，特别是短波超短波频段，包含各种随机通信产生的数字脉冲、战场雷达杂波信号、电子对抗装备干扰信号、导航定位信号、敌我识别信号等，同时工业辐射干扰、自然环境中的电磁信号等一直存在，这些信号恰恰都是随机性、脉冲性很强的噪声，这些噪声一般被归属为非高斯噪声类别。非高斯噪声指的是不服从高斯分布的噪声，其特征表现为大量尖峰类异常值大量出现，这样的噪声也可统称为脉冲型噪声[115-118]。非高斯脉冲噪声在很多自然和人为噪声环境中广泛存在，如大气噪声[119-120]、水声噪声[121]、电话线路噪声[122]、无线通信中的干扰[123]、雷达杂波[124]等。

既定噪声条件下信号处理的思路是，首先根据噪声的特点，选择噪声模型；其次建立噪声的数学模型，模型可以根据相关理论或者经验选择已有模型，也可采用数学方法构建，如图3.1所示。完成模型构建后，基于实际数据进行参数估计，确定噪声条件与参数对应关系，从而获得噪声特性描述；最后在利用噪声模型产生的噪声条件下，进行信号处理算法研究，可通过改变参数，实现不同噪声条件下处理结果的对比分析。

图3.1 一定噪声条件下信号处理方法研究思路

基于上述思想，我们首先进行模型优选。当前描述噪声的模型主要包括两类，即统计物理模型和数学经验模型。统计物理模型是从真实物理信号出发，综合考虑发射源位置、信号传播特性以及接收方接收特性的条件下，通过推导计算得到噪声模型[125-126]。统计物理模型的适用性广、精度高、参数具有明确的物理含义，更加贴近于实际，但是由于战场环境噪声源类型多样、信号发射随机性强，地形地貌复杂且传播特性多变，建立物理模型复杂度太高，所以这种方法用得比较少。数学经验模型则不过多考虑物理机理，根据经验选择合适的数学模型，基于实测数据对模型进行参数估计，使得噪声分布实际物理特性尽量匹配。目前，常用的非高斯脉冲噪声数学经验模型包括高斯混合、t分布、广义高斯和α稳定分布等。

其中α稳定分布是一种典型的厚尾分布，应用最为广泛[127]。

α稳定分布的重要特点是概率分布上的稳定性和PDF具有厚重拖尾，其分布特性可以匹配物理、化学、生物等学科多种现象，作为数学模型得到了广泛应用。α稳定分布最早由Levy在1925年提出[128]，丹麦物理学家Holtsmark将其用于描述星际间引力场的随机波动方面，并且还估计出此类引力的分布可对应特征参数为$\alpha=1.5$的分布。后期，α稳定分布模型被用于描述股票价格波动，直到现在相关产品风险价格和利率波动等方面，α稳定分布模型仍然被广泛适用。1993年，Shao和Nikias将分数阶微积分理论与α稳定分布结合起来，有力推进了基于分数低阶统计量的信号处理理论发展[131]。在噪声拟合方面，α稳定分布被成功用于大气噪声、电话电流噪声、水下声学噪声、雷达杂波、电力线通信信道脉冲噪声和无线网络中的网络干扰等建模[132-134]。

3.2 α稳定分布性质与随机数生成

α稳定分布符合广义中心极限定理，即无穷多个独立同分布随机变量的和符合α稳定分布，不同于中心极限定理的严格条件限定，随机变量的方差可以是不存在的。这种条件要求更具普遍性，同时，α稳定分布具备多个可调节参数，对观测数据适应性更强，下面首先阐述其定义。

3.2.1 定义

文献[127]给出了稳定分布的定义。

假设X_1、X_2是随机变量X的独立样本，若对于任何正数A、B，都存在正数C和实数D，满足

$$AX_1 + BX_2 \stackrel{d}{=} CX + D \tag{3.1}$$

则X服从稳定分布。符号"$\stackrel{d}{=}$"表示分布相同。如果$D=0$时，式（3.1）依然成立，那么X是严格稳定的。

α稳定分布定义[135]。

针对上述稳定分布的随机变量X，如果存在一个数$\alpha \in (0,2]$，使满足式（3.1）的A、B、C满足

$$A^\alpha + B^\alpha = C^\alpha \tag{3.2}$$

那么X符合α稳定分布。α稳定分布通常没有封闭的概率密度函数解析式，但是存在统一的特征函数表达式：

$$\varphi(\theta) = \exp\{j\mu\theta - \gamma|\theta|^\alpha [1 + j\beta \text{sign}(\theta)\omega(\theta,\alpha)]\} \tag{3.3}$$

其中

$$\omega(\theta,\alpha)=\begin{cases}\tan(\alpha\pi/2), & \alpha\neq 1\\ (2/\pi)\log|\theta|, & \alpha=1\end{cases} \quad (3.4)$$

$$\text{sign}(\theta)=\begin{cases}1, & \theta>0\\ 0, & \theta=0\\ -1, & \theta<0\end{cases} \quad (3.5)$$

其中，α 为特征指数，取值范围是 $0<\alpha\leqslant 2$，表征信号脉冲程度，α 值越小，脉冲性越强，也就是大幅值突变脉冲出现的概率越高，在概率密度上表现为拖尾越厚。α 值越接近 2，脉冲性越弱，越接近高斯分布，当 $\alpha=2$ 时，退化为高斯分布。

β 为偏斜指数，取值范围是 $-1\leqslant\beta\leqslant 1$，表征分布的对称性，或偏斜度，当 $\beta=0$ 时，称为对称 α 稳定分布（Symmetric α stable, SαS），$\beta>0$ 和 $\beta<0$ 时分别表示分布是左偏斜分布和右偏斜分布，数值大小表征偏斜度。

γ 为分散系数，取值范围是 $0<\gamma<+\infty$，表征随机变量偏离均值或者中值的程度，类同高斯分布的方差。

μ 为位置参数。用于描述 α 稳定分布概率密度函数的绝对位置。

当 $\mu=0,\gamma=1$ 时，α 稳定分布称为标准 α 稳定分布。当 $\alpha=2,\beta=0,\gamma=1/2\sigma^2$ 时，分布为高斯分布；当 $\alpha=1,\beta=0$ 时，分布为柯西分布。

α 稳定分布噪声的时域图如图 3.2 所示，可见，特征指数 α 越小，噪声的脉冲性越强，特征指数 α 越接近 2，噪声越趋近于高斯噪声。当 $\alpha=1.2$ 时，脉冲幅值达到 300，当 $\alpha=0.8$ 时，脉冲幅值高达 10^4 量级，这样的脉冲幅值在实际战场干扰中很难出现，所以对 α 稳定分布进行参数估计，尽量贴近战场电磁环境开展研究是非常必要的。

3.2.2 α 稳定分布概率密度函数求解

在低信噪比条件下，无 DSFH 中频信号的情况下，输入 SR 系统的主要是脉冲性噪声，即使有输入信号情况下，噪声的强度也远远大于输入微弱信号的强度，所以我们可用 α 稳定分布对输入信号进行拟合或者分析，概率密度函数能够最直观反应信号特征，下面我们首先研究 α 稳定分布噪声概率密度函数表达式问题。傅里叶逆变换法和渐进级数展开法是最常使用的方法。

3.2.2.1 傅里叶逆变换法

α 稳定分布没有统一的概率密度表达式，但是当 $\mu=0,\gamma=1$ 时，即标准 α 稳定分布可通过对特征函数进行傅里叶逆变换得到概率密度表达式

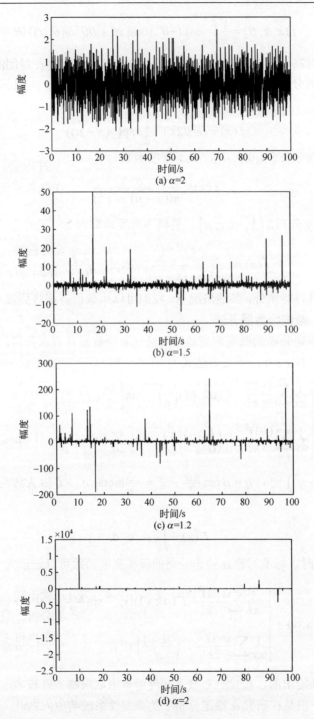

图 3.2 $\beta=0$,$\gamma=0.5$,$\mu=0$ 时不同 α 取值的 α 稳定分布时域图

$$f(x,\alpha,\beta) = \frac{1}{\pi}\int_0^\infty \exp(-\theta^\alpha)\cos[x\theta + \beta\theta^\alpha \omega(\theta,\alpha)]\mathrm{d}\theta \tag{3.6}$$

但是只有高斯分布、柯西分布、Levy 分布几种情况存在封闭的表达式：

（1）高斯分布 $S(2,0,\gamma,\mu) = N(\mu,\sigma^2)$，其中，$\sigma^2 = 2\gamma$，则其概率密度函数为

$$f(x) = (\sigma\sqrt{2\pi})^{-1}\frac{1}{2}\exp(-(x-\mu)) \tag{3.7}$$

（2）柯西分布 $S(1,0,\gamma,\mu)$，概率密度函数为

$$f(x) = \frac{\gamma}{\pi((x-\mu)^2 + \gamma^2)} \tag{3.8}$$

（3）Levy 分布 $S\left(\frac{1}{2},-1,\gamma,\mu\right)$，其概率密度函数为

$$f(x) = \left(\frac{\gamma}{2\pi}\right)^{1/2}\frac{\gamma}{(x-\mu)^{3/2}}\exp\left[-\frac{\gamma}{2(x-\mu)}\right] \tag{3.9}$$

除上述几种特例外，其他情况下，我们可以用数值方法得到概率密度函数。

3.2.2.2 渐进级数展开法

标准 α 稳定分布的概率密度函数可通过幂级数展开方式获得，并且级数为绝对收敛的。对 $x > 0$，函数表达式为

$$f(x,\alpha,\beta) = \begin{cases} \dfrac{1}{\pi x}\sum_{k=1}^{\infty}\dfrac{(-1)^{k-1}}{k!}\Gamma(\alpha k+1)\left(\dfrac{x}{r}\right)^{-\alpha k}\sin\left[\dfrac{k\pi}{2}(\alpha+\xi)\right], & 0 < \alpha < 1 \\ \dfrac{1}{\pi x}\sum_{k=1}^{\infty}\dfrac{(-1)^{k-1}}{k!}\Gamma\left(\dfrac{k}{\alpha}+1\right)\left(\dfrac{x}{r}\right)^{-k}\sin\left[\dfrac{k\pi}{2\alpha}(\alpha+\xi)\right], & 1 < \alpha \leqslant 2 \end{cases} \tag{3.10}$$

其中：$r = \left(1+\eta^2\right)^{-\frac{1}{2\alpha}}$，$\eta = \beta\tan\dfrac{\pi\alpha}{2}$；$\xi = -\dfrac{2}{\pi}\arctan\eta$；$\Gamma(\cdot)$ 为伽马函数，表达式为

$$\Gamma(x) = \int_0^\infty t^{x-1}\mathrm{e}^{-t}\mathrm{d}t \tag{3.11}$$

当 $\beta = 0$ 时，标准对称 α 稳定分布的概率密度函数可以表示为

$$f(x,\alpha) = \begin{cases} \dfrac{1}{\pi x}\sum_{k=1}^{\infty}\dfrac{(-1)^{k-1}}{k!}\Gamma(\alpha k+1)|x|^{-\alpha k}\sin\dfrac{k\alpha\pi}{2}, & 0 < \alpha < 1 \\ \dfrac{1}{\pi x}\sum_{k=1}^{\infty}\dfrac{(-1)^{k-1}}{2k!}\Gamma\left(\dfrac{2k+1}{\alpha}\right)x^{2k}, & 1 < \alpha \leqslant 2 \end{cases} \tag{3.12}$$

虽然此处给出的 α 稳定分布概率密度函数求取限制条件较多，多为固定条件下的分布，但是在研究 α 稳定分布下的非线性系统响应问题时，这些特例都非常具有代表性，可以基于这些表达式模拟噪声条件。

3.2.3 α稳定分布随机数的生成

在本书α稳定分布噪声条件下随机共振方法研究中，α稳定分布随机数可作为仿真实验中的噪声条件，所以生成α稳定分布随机数是本书开展相关研究的一个重要的环节。α稳定分布噪声和微弱信号共激励下双稳态系统可表示为

$$\frac{dx}{dt} = F(x) + \xi_\alpha(t) \tag{3.13}$$

即

$$dx = F(x)dt + dL_\alpha \tag{3.14}$$

文献[109]中，Weron 等证明 Levy 过程具有 $1/\alpha$ 自相似性，即对于任意常数 $c>0$，过程 $\{X(ct):t \geqslant 0\}$ 和 $\{c^{1/\alpha}X(t):t \geqslant 0\}$ 有相同分布，那么采用 Monte-Carlo 方法进行仿真实验可依据下式

$$x_{n+1} = x_n + F(x)\Delta t + \Delta t^{1/\alpha}\xi \tag{3.15}$$

其中，ξ 为α稳定分布随机数。可以采用 Janicki-Weron（JW）算法[108]得到α稳定分布随机数。当 $\alpha \neq 1$ 时，应用下式

$$\xi = D_{\alpha,\beta,\gamma} \frac{\sin(\alpha(V+C_{\alpha,\beta}))}{(\cos(V))^{1/\alpha}} \times \left[\frac{\cos(V - \alpha(V+C_{\alpha,\beta}))}{W}\right]^{(1-\alpha)\alpha} + \mu \tag{3.16}$$

其中

$$C_{\alpha,\beta} = \frac{\arctan(\beta\tan(\pi\alpha/2))}{\alpha}, \quad D_{\alpha,\beta,\gamma} = \gamma[\cos(\arctan(\beta\tan(\pi\alpha/2)))]^{-1/\alpha}$$

V 是 $\left(-\frac{\pi}{2}, \frac{\pi}{2}\right)$ 上的均匀分布，W 是均值为 1 的指数分布。基于该方法生成的α稳定分布随机数概率密度分布如图3.3、图3.4所示。

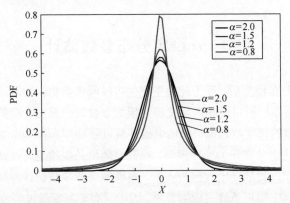

图 3.3 不同α取值下 JW 算法生成α稳定分布随机数概率分布图（见彩图）

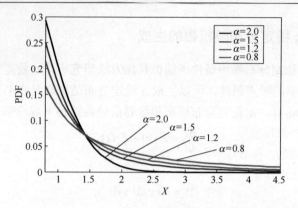

图 3.4 不同 α 取值下 α 稳定分布随机数概率分布局部拖尾图（见彩图）

令 $\alpha=1.7$、$\gamma=0.5$、$\mu=0$，改变 β 取值，得到概率密度曲线如图 3.5 所示。

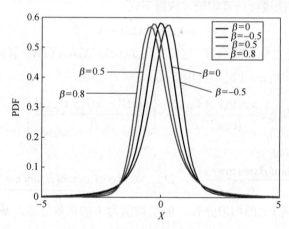

图 3.5 不同 β 取值下 JW 算法生成 α 稳定分布随机数概率分布图（见彩图）

3.3 α 稳定分布参数估计

选定噪声分布模型后，基于此模型产生可控噪声数据，为保证产生的噪声条件贴近实际，需要根据目标噪声环境确定模型参数取值范围，参数范围选定得越科学，噪声模拟的真实度越高。战场电磁环境以脉冲型噪声为主要成分，所以选用非高斯的 α 稳定分布作为噪声模型，在开展随机共振检测方法研究之前，以特定工作场景实际采集的环境数据为依据，对模型进行参数估计，参数估计结果可以作为后续研究中噪声条件生成的参考。因为只有非高斯脉冲型噪声数据才适合以 α 稳定分布为模型进行拟合，所以在参数估计之前，第一步，要确认采集的环境噪声是否为非高斯脉冲性噪声；第二步，确认其非高斯性后，还需完成对称性判断，才能针对性开展参数估计。参数估计是一种统计推断，根据从总体中抽出的随机样本估计总体分布中的未知参数，重点也是研究两个问题，一是求出未知参数的估计量，二是一定置信度下求出估计量的精度。根据 α 稳定分布的定义和基本性质可以知道，其概率密度函数是由 α、β、γ、μ 四个参数决定的，四个参数分别决定分布的拖尾情况、对称特性、分散特性和绝对位置。μ 是噪声概率密度函数的位置参数，仅表征左右平移特性，可以认为对系统输出的统计性能不产生影响，所以本节主要针对其他三个参数开展估计方法研究。

3.3.1 非高斯性判定和对称性判定

3.3.1.1 非高斯性判定

获取环境噪声数据后，需要首先判定其非高斯特性，如果是非高斯数据，才能按照 α 稳定分布模型实施参数估计。这种初步的判定，无需知道准确的参数取值，但是其判定结论会直接影响下一步算法的选择，文献[136-137]中，判决结果决定了算法采用最小均方误差准则还是最小分散系数准则。一般采用的判定方法是无穷方差检验法[138-139]，主要通过判断随机变量的方差是否存在来判断序列是高斯还是非高斯分布。

如 $x_k, k=1,2,3,\cdots,N$，是一稳定分布样本值，对于任意一个 n，$1 \leq n \leq N$，求其前 n 个样本的方差和均值分别为

$$s_n^2 = \frac{1}{n}\sum_{k=1}^{n}(X_k - \overline{x_n})^2 \tag{3.17}$$

$$\overline{x_n} = \frac{1}{n}\sum_{k=1}^{n}X_k \tag{3.18}$$

可以计算并绘出 s_n^2 随样本点增加的变化情况，如果方差 s_n^2 逐渐收敛于某个有限值，说明序列方差存在，样本满足高斯分布；如果 s_n^2 是发散的，则样本序列是非高斯序列。

应用 JW 算法生成 α 稳定分布序列，在此选择标准对称的 α 稳定分布模型，当 α 分别取值 0.8、1.2、1.5、2 时，得到样本方差 s_n^2 随样本点数 n 变化如图 3.6 所示，图中横坐标为样本数 n，纵坐标为样本方差 s_n^2。

由图 3.6 可见，依据无穷方差检验法可以基本判定噪声的高斯性和非高斯性。图 3.6（a）图信号方差明显较好的收敛到一个定值，并且取值是比较小的，方差有限，表现出高斯性；图 3.6（b）～（d）则不能很好收敛，且随着 α 的减小，方差越来越大，当 α =0.8 时，达到了 10^7 数量级，明显是非高斯噪声。

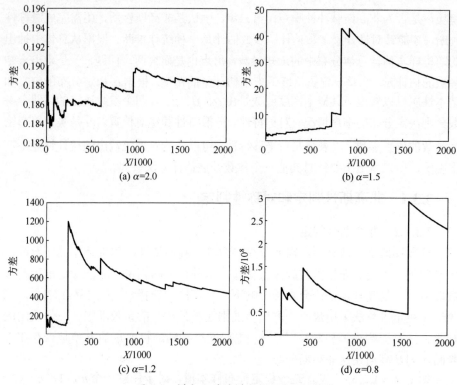

图 3.6　样本方差随样本数 n 变化曲线

3.3.1.2　对称性判定

α 稳定分布模型中，参数 β 表征了分布的对称性，根据 β 取值不同可以分为对称分布和斜分布，$\beta=0$ 时为对称分布，$\beta \neq 0$ 时为斜分布。两种情况下，参数估计的方法不同，所以在进行参数估计之前，还需判断其对称性。对称性判定可以通过统计出的概率密度曲线观察，也可以直接通过对采集数据进行正负值统计来判定。下面通过仿真实验方法进行验证。

1）概率密度曲线区分法

应用 JW 算法生成 α 稳定分布序列，$\alpha=1.5, \gamma=1, \mu=0$，$\beta$ 分别取值 $-0.8、0、0.8$，产生样本点数为 10000，统计其概率密度，如图 3.7 所示，可观测其对称性，明显可见，红色线曲线代表的分布基本是对称的，而粉色和黑色曲线分别是左偏斜和右偏斜的分布。如果直接通过 PDF 区分不是非常直观，也可以通过统计采集数据正值、负值的分布来确认。

2）数值统计法

应用 JW 算法生成 α 稳定分布序列，$\alpha=1.5, \gamma=1, \mu=0$，$\beta$ 分别取值 $0, \pm 0.1, \pm 0.2, \pm 0.3, \cdots, \pm 1$，统计生成的随机数中正值和负值的个数，如表 3.1、

表 3.2 所列。可见,当 $\beta>0$ 时,随着 β 值逐渐增大,生成数据序列中正值数目逐渐下降,负值数目逐渐增多,表现出向正侧偏斜的现象;当 $\beta<0$ 时,随着 β 值逐渐减小,生成数据序列分布表现出向负侧偏斜的现象。通过图 3.8 也可清晰地看到正值、负值数目变化情况。所以,通过数值统计法可以更加直观地判断噪声偏斜度。

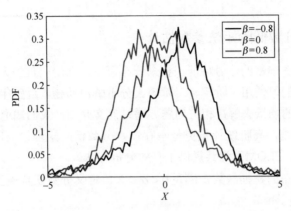

图 3.7　不同 β 值条件下样本概率密度曲线(见彩图)

表 3.1　$\beta>0$ 情况下 α 稳定分布序列正负值统计情况

$\alpha=1.5$	$\beta=0$	$\beta=0.1$	$\beta=0.2$	$\beta=0.3$	$\beta=0.4$	$\beta=0.5$	$\beta=0.6$	$\beta=0.7$	$\beta=0.8$	$\beta=0.9$	$\beta=1.0$
正值个数	5017	4768	4482	4384	4195	4105	3853	3683	3602	3491	3406
负值个数	4984	5223	5519	5617	5806	5886	6148	6318	6339	6510	6595

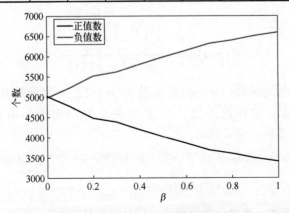

图 3.8　$\beta>0$ 情况下 α 稳定分布序列正负值变化情况(见彩图)

表 3.2 $\beta<0$ 情况下 α 稳定分布序列正负值统计情况

$\alpha=1.5$	$\beta=0$	$\beta=-0.1$	$\beta=-0.2$	$\beta=-0.3$	$\beta=-0.4$	$\beta=-0.5$	$\beta=-0.6$	$\beta=-0.7$	$\beta=-0.8$	$\beta=-0.9$	$\beta=-1.0$
正值个数	5014	5210	5410	5551	5740	5927	6144	6240	6440	6650	6632
负值个数	4987	4791	4591	4450	4261	4074	3857	3761	3561	3351	3369

3.3.2 分数低阶矩法参数估计

统计矩包含丰富的信号特征，整个分布可以从 0 阶一直到无穷阶，针对高斯分布信号我们习惯用一阶矩、二阶矩去分析解决问题，近些年高阶矩也用在一些信号处理的场景去解决相关问题。通过前文介绍，我们知道 α 稳定分布不存在有限的方差，高阶统计量更是不存在，分数低阶矩理论（Fractional Low Order Moment，FLOM）为其提供了有效分析方法。

α 稳定分布的特征参数 α 满足 $0<\alpha\leqslant 2$，定义分数低阶矩为 $E[|X|^p]$，其中 $0<p<\alpha\leqslant 2$。

3.3.2.1 对称 α 稳定分布分数低阶矩定义。

针对对称 α 稳定分布，分数低阶矩定义如下[140-142]。

假设 X 为一满足 SαS 分布的随机变量，其位置参数为 $\mu=0$，分散系数为 γ，那么

$$E[|X|^p]=\begin{cases} C(p,\alpha)\gamma^{p/\alpha}, & 0<p<\alpha \\ \infty, & p\geqslant\alpha \end{cases} \quad (3.19)$$

其中

$$C(p,\alpha)=\frac{2^{p+1}\Gamma\left(\frac{p+1}{2}\right)\Gamma(-p/\alpha)}{\alpha\sqrt{\pi}\Gamma(-p/2)} \quad (3.20)$$

其中：$\Gamma(\cdot)$ 为伽马函数；α 为特征参数 $0<\alpha\leqslant 2$；γ 为分散系数；$\gamma=\sigma^\alpha$；$C(p,\alpha)$ 为参数 p 和 α 的函数，与 X 无关。这一定理是由 Zolotarev 利用 Mellin-Stieljes 变换证明得到的。

1995 年 Ma 和 Nikias 提出了分数负阶矩的定义[143-144]，可表示为

$$E[|X|^q]=C(q,\alpha)\gamma^{q/\alpha}, \quad -1<q<0 \quad (3.21)$$

3.3.2.2 对称 α 稳定分布分数低阶矩法参数估计

令 $p=-q$，因为 $-1<q<0$，所以当 $0<p<\min(\alpha,1)$ 时，$E[|X|^p]$ 和 $E[|X|^{-p}]$

均有界，可以得到

$$E[|X|^p]E[|X|^{-p}] = \frac{2\tan(p\pi/2)}{\alpha\sin(p\pi/\alpha)} \quad (3.22)$$

变换可得到参数 α 的估计式

$$\mathrm{sinc}\left(\frac{p\pi}{\alpha}\right) = \frac{\sin\left(\frac{p\pi}{\alpha}\right)}{\left(\frac{p\pi}{\alpha}\right)} = \frac{2\tan(p\pi/2)}{p\pi E[|X|^p]E[|X|^{-p}]} \quad (3.23)$$

针对已知样本数据进行参数估计时，可以计算

$$E[|X|^p] = \frac{1}{N}\sum_{k=1}^{N}|X_k|^p \quad (3.24)$$

$$E[|X|^{-p}] = \frac{1}{N}\sum_{k=1}^{N}|X_k|^{-p} \quad (3.25)$$

所以可以根据式（3.25）得到 α 的估计值 $\hat{\alpha}$，然后在利用 $\hat{\alpha}$ 计算 γ 的估计值

$$\hat{\gamma} = \left(\frac{E[|X|^p]}{C(q,\hat{\alpha})}\right)^{\hat{\alpha}/p} \quad (3.26)$$

3.3.2.3 斜 α 稳定分布参数估计

1) 斜 α 稳定分布分数低阶矩定义

当 α 稳定分布为非对称时，其参数估计方法与其绝对分数阶矩 $E[|X|^p]$ 和符号分数阶矩 $E[|X|^{\langle p \rangle}]$ 相关。当 $\alpha \neq 1$ 时，斜 α 稳定分布的绝对分数阶矩可以定义为

$$E[|X|^p] = \frac{\Gamma\left(1-\frac{p}{\alpha}\right)}{\Gamma(1-p)}\left|\frac{\gamma}{\cos\theta}\right|^{p/\alpha}\frac{\cos\left(\frac{p\theta}{\alpha}\right)}{\cos\left(\frac{p\pi}{\alpha}\right)} \quad (3.27)$$

其中：$p \in (-1,\alpha)$；$\theta = \arctan\left(\beta\tan\frac{\alpha\pi}{2}\right)$。

斜 α 稳定分布的符号分数阶矩可以定义为

$$E[|X|^{\langle p \rangle}] = E[\mathrm{sign}(X)|X|^p] = \frac{\Gamma\left(1-\frac{p}{\alpha}\right)}{\Gamma(1-p)}\left|\frac{\gamma}{\cos\theta}\right|^{p/\alpha}\frac{\sin\left(\frac{p\theta}{\alpha}\right)}{\sin\left(\frac{p\pi}{\alpha}\right)} \quad (3.28)$$

其中，$p \in (-2,-1) \cup (-1,\alpha)$。

2) 斜α稳定分布分数低阶矩法参数估计

假设随机变量X，取其N个样本点，那么其绝对分数阶矩的计算值A_p和符号分数阶矩的计算值S_p估计式如下

$$A_p = \frac{1}{N}\sum_{k=1}^{N}|X_k|^p \tag{3.29}$$

$$S_p = \frac{1}{N}\sum_{k=1}^{N}|X_k|^{\langle p \rangle} = \frac{1}{N}\sum_{k=1}^{N}\text{sign}(X_k)|X_k|^p \tag{3.30}$$

通过绝对分数阶矩和符号分数阶矩的乘除等运算，结合伽马函数性质，即可以对α、β、γ的值进行估计，位置参数$\mu=0$。

（1）α值的估计。

α的估计式如下所示

$$\text{sin}c\left(\frac{p\pi}{\alpha}\right) = \left[q\left(\frac{A_p A_{-p}}{\tan q} + S_p S_{-p}\tan q\right)\right]^{-1} \tag{3.31}$$

其中，$q = \frac{p\pi}{2}$。

（2）β值的估计。

假设α的估计值为$\hat{\alpha}$，可利用$\hat{\alpha}$估计β，主要分作两步，首先通过A_p和S_{-p}乘积估计中间参数θ

$$A_p S_{-p} = \sin\left(\frac{2p\theta}{\alpha}\right) \bigg/ \left(\alpha \sin\left(\frac{p\pi}{\alpha}\right)\right) \tag{3.32}$$

假设θ的估计值为$\hat{\theta}$，则

$$\beta = \tan\hat{\theta}/\tan\left(\frac{\alpha\pi}{2}\right) \tag{3.33}$$

同样参考上述方法，我们可以通过A_p、A_{-p}、S_p、S_{-p}多种乘积组合进行β值的估计，此处不再赘述。

（3）γ值的估计。

在已知$\hat{\alpha}$和$\hat{\theta}$的情况下，γ的估计式如下

$$\gamma = \left|\cos\hat{\theta}\left(\frac{\Gamma(1-p)}{\Gamma\left(1-\frac{p}{\hat{\alpha}}\right)}\frac{\cos(p\pi/2)}{\cos(p\hat{\theta}/\hat{\alpha})}A_p\right)^{\hat{\alpha}/p}\right| \tag{3.34}$$

为保证方差和协方差的有界性，假如 $\alpha_{\min}$ 为 α 取值范围的最小值，要求 $0<p<\alpha_{\min}/2$。通过上述方法，我们即可基于实测数据估计出 α 稳定分布 α、β、γ 的值。

3.3.3 参数估计精度验证

本书选择分数低阶矩方法进行 α 稳定分布参数估计，以实测战场环境噪声数据为对象，确定其 α 稳定分布的参数。针对现场实测数据，我们可以通过非高斯性判定方法确定其所属大类别，通过对称性判断方法确定是对称 α 稳定分布还是斜 α 稳定分布，判断结果都比较直观，唯独参数体系，很难判定评估方法是否科学，在此我们通过两种途径解决估计结果可信度问题。方法一，以已知的 α 稳定分布随机数作为对象，进行参数估计，分析不同 p 取值、样本点数目、α 取值等条件下，比较参数估计值与理论值的差异，达到评估参数估计方法精度的目标；方法二，采用其他参数估计方法对实测信号数据估计，通过两种方法相互验证来确认可信度。本节主要针对方法一，以对称 α 稳定分布模型为例进行分析，斜 α 稳定分布评估方法与之类同。方法二结合下节实测数据参数估计进行分析验证。α 稳定分布模型中，参数 α 表征噪声的样式，参数 γ 表征噪声的强度，所以这两个指标是决定噪声性质的关键指标，下面主要针对 α、γ 估计的精度及影响因素进行分析。

3.3.3.1 α 值的估计

1）参数 p 取值对 α 估计值的影响分析

p 取值不同会影响 α 值的估计精度，我们在 p 取不同值的条件下对 α 进行估计，通过分析得到不同条件下 p 的最优取值范围。应用 JW 方法，生成 $\alpha=0.8, \beta=0, \gamma=1, \mu=0$ 的稳定分布随机数，样本点取 10000 个，分别在 p 取不同值的条件下进行参数估计，可多次估计取均值，结果如图 3.9 所示。

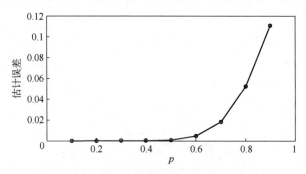

图 3.9　p 取值对 α 值估计误差影响分析

由图 3.9 可见，p 取值合理的条件下，α 估计值能够达到很高的精度，这样的精度对于描述战场噪声完全能够满足要求。p 值越小，估计值精度越高，当 p 取值大于 0.5 后，估计值偏差开始增大，与理论分析结果相符，所以 p 的最佳取值范围为 $0 \sim \min(\alpha/2,1)$，并尽量取较小值。

2）样本点数目对参数估计值的影响分析

同样应用 JW 方法，生成 $\alpha=0.8$，$\beta=0$，$\gamma=1$，$\mu=0$ 的稳定分布随机数，改变样本点数目，用前文算法进行参数估计，结果如图 3.10 所示。

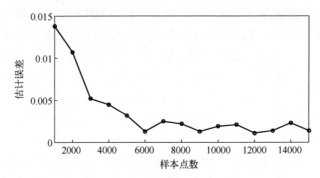

图 3.10 不同样本点数对 α 值估计的偏差

由图 3.10 可见，样本点数足够多，估计值能达到很高的精度。样本点越多，估计精度也越高，符合一般规律。但是随着样本点增多，计算量也会加大，根据统计结果我们一般取样本点为 5000 以上，此时参数估计误差较小，5000 点以上再增加样本点数，估计精度提升不再明显。

3）α 取值对参数估计值的影响分析

α 取不同的值，对其本身的估计结果也会产生影响。应用 JW 方法，生成 $\beta=0$，$\gamma=1$，$\mu=0$ 的稳定分布随机数，进行参数估计，可多次估计取均值，结果如图 3.11 所示。

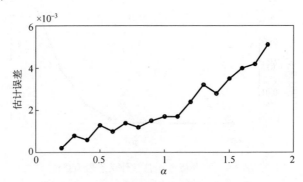

图 3.11 不同 α 取值对 α 值估计偏差影响情况

由图 3.11 可见，总体来看，α 取值对 α 估计精度影响不大，大约在 10^{-3} 数量级。在此数量级精度的前提下，可以看到随着 α 增大，参数估计的误差也越大，说明噪声越接近高斯噪声，越不易精确估计特征参数。

3.3.3.2　γ 值的估计

1）p 取值对 γ 估计值的影响分析

p 取值不同也会影响 γ 值的估计精度，我们在 p 取不同值的条件下对 γ 进行估计，同样应用 JW 方法，生成 α=0.8，β=0，μ=0 的稳定分布随机数，样本点取 10000 个，分别在 p 取不同值的条件下进行参数估计，结果如图 3.12 所示。

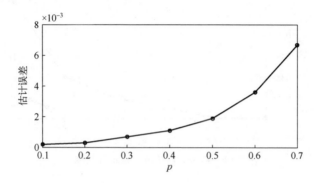

图 3.12　p 取不同值对 γ 值估计偏差的影响

通过图 3.12 可见，噪声强度 γ 估计的误差比较小，在 10^{-3} 数量级。p 取值越小，γ 的估计值越准确。与参数 α 估值结果相似，在进行参数估计时应尽量选取较小的 p 值，以提高参数估计精度。

2）样本点数目对参数 γ 估计值的影响分析

应用 JW 方法，生成 α=0.8，β=0，γ=1，μ=0 的稳定分布随机数，选择生成不同样本点数的序列，利用分数低阶矩法进行参数估计，结果如图 3.13 所示。

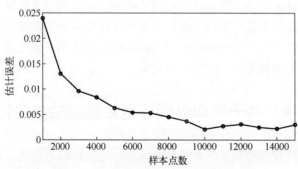

图 3.13　不同样本点数对 γ 值估计的偏差

由图 3.13 可见，样本点越多，估计精度也越高，符合一般规律，但是样本点越多，计算量越大。根据统计结果可以得到，当样本点数大于 10000 时，再增加样本点数估计值精度变化不大。

3）γ 取值对参数 γ 估计值的影响分析

γ 取不同的值，对其本身的估计结果也会产生影响。应用 JW 方法，生成 $\alpha=0.8$，$\beta=0$，$\mu=0$ 的稳定分布随机数，对 γ 进行参数估计，可多次估计取均值，结果如图 3.14 所示。

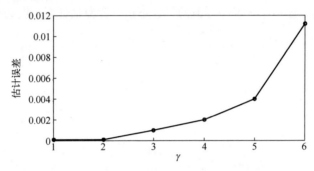

图 3.14 不同 γ 取值对 γ 值估计的偏差

由图 3.14 可见，γ 值越大，估计值与实际值的偏差越大，但是总体误差控制在比较小的范围，当噪声强度很大时，按照常理估计精度会降低。

综上所述，应用分数阶矩法进行 α 稳定分布数据参数估计，参数 p 取值范围在 $0 \sim \min(\alpha/2, 1)$ 为宜，相对于参数 α，进行参数 γ 估计时 p 取值尽量小于 $\alpha/4$。样本点数的选择方面，综合考虑计算量与估计精度因素，以及信号描述对精度的需求等方面，样本点数选择 5000～6000 即可。α、γ 本身取值越大，误差越大，但总体误差控制在比较小的范围内，可以忽略其影响。

通过前面对参数估计精度的验证，可以说明应用分数低阶矩法进行参数估计可以得到相应估计值，并且估计精度也很高，可以满足本研究对战场噪声环境进行参数估计的需求。本节主要针对对称 α 稳定分布的参数估计进行了仿真验证和精度分析，对于非对称分布，则需要按照 3.3.2 节所阐述的方法进行参数估计，精度分析方法类同，此处不再赘述。

3.4 基于实测电磁环境数据的参数估计

本节主要针对典型装备工作场景采集的电磁环境噪声信号，基于 α 稳定分布模型进行参数估计。选择工作场景为典型战术级防空预警作战。通过对采集的数据进行非高斯性判定、对称性判定和参数估计,得出参数取值特点和范围,最后引入对数矩参数估计方法,验证参数估计结果。形成的参数描述虽不能代表战场环境噪声,但是可以在一定程度上反应噪声特点。

3.4.1 环境构建与数据采集

3.4.1.1 环境构建

本次采集环境使用的装备包括三辆指挥车、两部中低空目标指示雷达,以及短波超短波电台若干,在小场地模拟特定战术行动下雷达、指控、通信装备随机使用的场景。由于本次采集对象是战场条件下的电磁噪声环境,所以上述装备工作产生的通信信号、雷达信号都是噪声的组成部分,实验位置在石家庄市区,所以认为各种民用设施辐射源是自然存在的。为保证采集噪声数据的随机性,主要采取了如下措施,一是装备随机工作,由操作人员按照基本工作模式随机触发无线话音、数据传输,雷达按照作战模式短时开机发射;二是长时间采集,按采集点数随机分段截取并进行参数估计。由于使用装备发射频率、功率等指标,远不能覆盖战场用频装备,因此可以通过近距离、高增益天线等方式模拟高冲击性信号产生的情况。

3.4.1.2 数据采集

本研究应用 RFBOX-6G 型射频信号采集记录回放仪作为采集设备,针对超短波波段,采样带宽设为 100-500 MHz,采样率为 240-1000 MSPS,进行了长达 1h 的数据采集。采集场景如图 3.15 所示。

图 3.15 战场环境数据采集场景图

3.4.1.3 采集结果分析

针对装备关机、电台开机、雷达开机、电台发射、雷达发射等装备不同工作模式采集环境噪声数据,进行记录并存储。设备记录的原始数据是 I、Q 两路输出数据,在参数估计时,需要将其还原成时域数据实施。数据采集信号示例如图 3.16 所示。

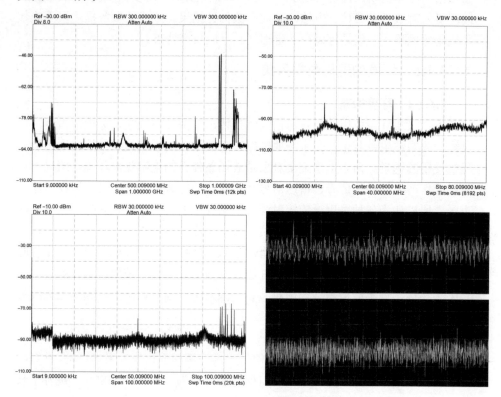

图 3.16　数据采集结果示例

3.4.2　参数估计与验证

3.4.2.1　参数估计

针对采集的数据进行参数估计，为保证随机性主要采用从 60min 的采集数据中随机截取的方式，综合考虑数据特征抓取与计算量的平衡，令截取数据点数 $N=100000$。分别进行 50 次和 500 次估计，结果如图 3.17、图 3.18 所示。

实验结果可见，由于用频设备的信号发射在以秒为尺度的情况下度量，大部分时间是没有发射信号的，所以很多情况下，α 的取值多在接近 2 的较大值范围内，如图 3.17 所示。图 3.18 选取有信号数据段进行参数估计，可明显看到脉冲性特征，但即使在近距离大功率的条件下，参数 α 估计值也很难低于 1.5，这对后续脉冲噪声下的 DSFH 信号随机共振检测接收研究噪声条件选取提供了依据。针对实测数据进行偏斜度估计，可得实验结果如图 3.19 所示。

第 3 章 基于 α 稳定分布的脉冲型噪声条件构建研究

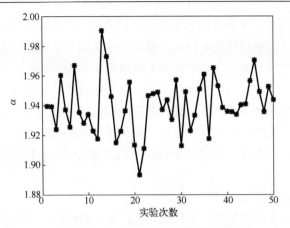

图 3.17　50 次实验参数 α 估计结果

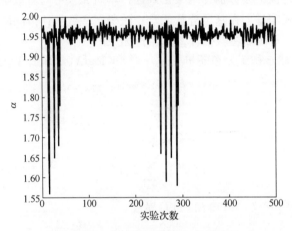

图 3.18　500 次实验参数 α 估计结果

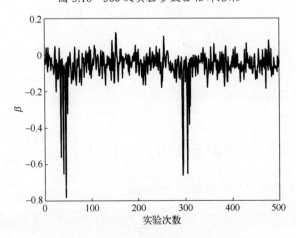

图 3.19　500 次实验参数 β 估计结果

实验结果可见，参数 β 的取值多在 0 值附近，略微偏负值，说明噪声略带正偏斜。针对有发射信号的数据段，噪声的正偏斜特征明显，主要因为我们信号处理中，采集信号幅值多以大地为基准度量，多为正信号。

综上所述，应用 α 稳定分布模型描述典型的战场环境噪声，进行参数估计后，模型显示的总体统计特性，外在的脉冲幅值特性以及偏斜特性等，与实际采集噪声数据匹配性较好，并且依据多组采样数据进行参数估计，估计结果的一致性也比较好，可以认为应用 α 稳定分布模型描述脉冲型战场环境噪声是合理的。

3.4.2.2 估计结果验证

由于实采数据的随机性、多样性，且没有正确标准，所以参数估计精度很难量化度量，为保证参数估计结果正确性，本研究采用与对数矩参数估计方法相互验证的模式实施。在基于分数低阶矩法确定参数估计值的同时，采用对数矩法进行验证。对数矩参数估计基本原理如下：

设 X 为对称 α 稳定分布随机变量，令 $Y = \log|X|$，那么 X 的 p 阶中心矩

$$E[|X|^p] = E[\mathrm{e}^{p\log|X|}] = E[\mathrm{e}^{pY}] \tag{3.35}$$

其中，$-1 < p < \alpha$。

因为 $E[\mathrm{e}^{pY}]$ 是 Y 的矩生成函数，展开可得

$$E[\mathrm{e}^{pY}] = \sum_{k=0}^{\infty} E(Y^k) \frac{p^k}{k!} \tag{3.36}$$

基于 $E[|X|^p]$ 定义，可知 $E[Y^k]$ 有界且

$$E[Y^k] = \frac{\mathrm{d}^k}{\mathrm{d}p^k}(C_1(p,\alpha)\gamma^{p/\alpha})\bigg|_{p=0} \tag{3.37}$$

通过化简式（3.37）可得

$$E[Y] = C_e\left(\frac{1}{\alpha} - 1\right) + \frac{1}{\alpha}\log\gamma \tag{3.38}$$

其中，$C_e = 0.57721566\cdots$，为欧拉常数。

则 Y 方差为

$$E\{[Y - E(Y)]^2\} = \frac{\pi^2}{6}\left(\frac{1}{\alpha^2} + \frac{1}{2}\right) \tag{3.39}$$

Y 的均值和方差估计值可根据下式计算

$$\overline{Y} = \frac{\sum_{i=1}^{N} Y_i}{N} \tag{3.40}$$

$$\mathrm{Var}(Y) = \frac{\sum_{i=1}^{N}(Y_i - \overline{Y})^2}{N-1} \quad (3.41)$$

随机变量 Y 已知，应用式（3.41）即可求出方差，代入式（3.39）可求出 α 的估计值 $\hat{\alpha}$。采用此方法我们可以估计对称 α 稳定分布的 α 值，实验证明估计结果与分数低阶矩法估计结果基本相同，基本误差在 0.01 量级，一定程度上证明了参数估计结论的可信性。

3.5 本章小结

本书针对传统随机共振研究多面向通用噪声条件，针对性不强的现状，研究了噪声模型选取和参数估计的问题。针对战场电磁环境噪声中脉冲型噪声占据主要成分这一特征，选择 α 稳定分布作为噪声模型，研究了 α 稳定分布随机数生成方法、分数阶矩参数估计方法、参数估计精度验证方法等；完成了既定工作场景下电磁环境数据的采集，基于实采数据进行了 α 稳定分布模型参数估计，得出了针对典型场景的 α 稳定分布模型特征参数 α、偏斜参数 β 的取值特点，相关量化结果可作为下一步随机共振性能和系统通信性能研究中噪声条件选取的依据，对提升相关研究结论的针对性具有重要意义。

第4章 α稳定分布噪声下随机共振检测模型构建研究

第3章我们研究了基于α稳定分布模型构建战场环境噪声的方法，基于实际采集噪声数据实施参数估计，给无线通信背景下模型参数选取提供了参考和依据。本章针对DSFH通信系统中微弱信号增强的需求，构建随机共振信号检测模型，研究α稳定分布噪声条件下，应用随机共振方法增强微弱通信信号的具体实现，以平均信噪比增益为主要指标分析其信号增强性能并优化选择系统参数。为提高研究结果的通用性，本章研究基于α稳定分布模型开展，参数选择针对全部取值范围，第5章通信系统构建研究将依据参数估计结果进行。为研究随机共振方法外部条件适应性，在双稳态系统研究的基础上，引入对称和非对称三稳态系统，研究其信号增强性能与参数优化方法。

4.1 对称双稳态系统随机共振理论分析与验证

本节选用典型的双稳态非线性系统完成信号的接收与处理，在α稳定分布噪声和DSFH中频信号的共同作用下，SR系统可用微分方程表示为

$$\begin{cases} \dfrac{\mathrm{d}x}{\mathrm{d}t} = -U'(x) + s(t) + \xi(t) \\ U(x) = -\dfrac{a}{2}x^2 + \dfrac{b}{4}x^4, \quad a>0, b>0 \end{cases} \quad (4.1)$$

其中，$U(x)$为双稳态系统势函数；$s(t) = A\cos(\omega_0 t + \varphi)$为DSFH中频信号；$\xi(t)$为α稳定分布噪声，强度为$D$，特征指数为$\alpha(0<\alpha\leqslant 2)$。

4.1.1 双稳态势系统变化与粒子跃迁

针对式（4.1）选用的双稳态系统，其结构形式如图2.1所示，两个势阱稳态点的位置分别位于$\pm x_m = \pm\sqrt{a/b}$，两个势阱被高度为$\Delta U = a^2/(4b)$的势垒隔断开，势垒中心位置在$x_b = 0$处。当没有周期信号作用，只有噪声$\xi(t)$作用时，

第 4 章　α稳定分布噪声下随机共振检测模型构建研究

根据第 2 章阐述的随机共振基本理论，粒子会在单个势阱内震荡，当噪声达到一定强度时，可引起势阱间的跃迁，粒子按照 Kramers 跃迁率 r_K 进行切换，r_K 与噪声的分布和强度直接相关。仅噪声作用下，系统跃迁过程如图 4.1 所示。仅有噪声而没有周期信号作用的条件下，噪声强度不够大时，如图 4.1（a）所示，粒子仅会在初始势阱中震荡，不会发生跃迁，其概率分布在单势阱中。逐步加大噪声，当噪声达到临界值时，即可引起系统发生跃迁。当噪声刚刚越过临界值时，如图 4.1（b）、（c）所示，会引起部分概率的跃迁，随着噪声不断增大，跃迁粒子逐渐增多，可以逐渐达到两个势阱概率平衡，如图 4.1（d）所示。此过程形象展示了单独噪声对双稳态系统粒子跃迁的影响。后面我们会阐述添加周期信号的情况，周期信号的添加会使得系统在噪声很小、原本不能达到跃迁条件的情况下也可以发生跃迁，体现了随机共振现象的发生。

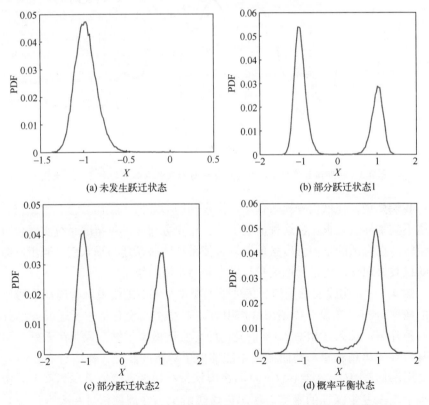

图 4.1　无周期信号不同噪声强度下双稳态系统跃迁状态变化过程

双稳态系统仅仅在正弦信号作用而没有添加噪声的情况下，也存在一个临界值 A_c。

$$A_c = \sqrt{4a^3/27b} \qquad (4.2)$$

当正弦信号幅值 $A < A_c$ 时，运动粒子只能局限在一个势阱中运动，不能越过势垒。当信号幅度 $A > A_c$ 时，粒子才能越过势垒并在两个势阱间跃迁。所以，在没有外加噪声仅有周期信号作用的条件下，文献[40]通过蒙特卡洛方法验证了势垒的中心位置 x_b 与 $\cos\omega_0 t$ 是有线性关系的，证明随着周期信号的变化，势垒中心位置会在微小范围内左右调整，重要的是势阱形状也会同步发生变化，在粒子跃迁过程中，粒子运动的方向是从较浅的势阱向较深的势阱运动。粒子运动方式如图 4.2 所示。

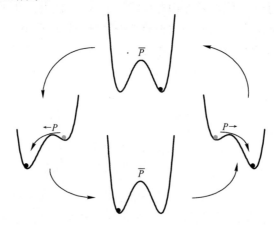

图 4.2 周期信号作用下，双稳态系统势阱变化及粒子运动方式示意图

我们知道，在低信噪比条件下，接收到的 DSFH 中频信号会非常微弱，远远达不到临界值要求。在这种情况下，α 稳定分布噪声可帮助系统实现势阱间的跳转，在合适的噪声强度条件下，可使系统势阱跃迁与输入信号同步，即发生随机共振现象，这是周期信号与噪声共同作用的结果。

图 4.3 中，实线表示无信号条件下的概率分布，虚线表示有周期信号作用下的概率分布，在没有周期信号作用时，双稳态间没有状态跃迁或者部分跃迁的条件下，加入 DSFH 中频信号，即可实现概率平衡。说明在无外力和噪声时，粒子停留在单一势阱中，不能够发生势阱间跃迁，概率分布在一侧停留。周期信号 $s(t) = A\cos(\omega_0 t + \varphi)$ 的作用使得双稳态系统势阱形状发生变化，减小了系统发生跃迁的难度。如黑色虚线所示，在周期信号和噪声信号的共同作用下，粒子发生了跃迁，并达到了概率平衡状态。即在 $s(t) = A\cos(\omega_0 t + \varphi)$ 与噪声信号 $\xi(t)$ 匹配时，系统发生了共振，粒子的跃迁频率可以体现信号 $s(t)$ 的频率。

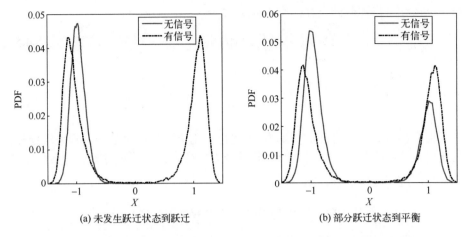

(a) 未发生跃迁状态到跃迁　　　　(b) 部分跃迁状态到平衡

图 4.3　有无信号作用条件下双稳态系统概率密度分布情况对比图（见彩图）

前面主要定性描述了在周期信号和 α 稳定分布噪声共同作用下粒子的运动情况，要获取 SR 系统对输入信号增强作用的定量结果，还需要通过郎之万方程和 FPE 获取输出信号，并定量分析才能得到。

4.1.2　随机共振系统信号输出理论求解

我们从理论角度对系统进行分析，尝试通过求解 FFPE 获得随机共振输出信号特征。在 α 稳定分布噪声 $\xi(t)$ 与外部周期驱动力 $s(t)$ 共同作用下，过阻尼双稳态随机共振系统输出信号可由 LE 描述，如式（4.3）所示

$$\frac{\mathrm{d}x}{\mathrm{d}t} = ax - bx^3 + s(t) + \xi(t) \tag{4.3}$$

作为噪声条件，对称无偏 α 稳定分布噪声非常具有代表性，此处选择 $S\alpha S$ 噪声作为噪声条件，则 $\beta = 0, \mu = 0$。根据前文关于 α 稳定分布性质分析可知，噪声强度与 α 稳定分布参数的关系可以描述为 $D = \gamma = \sigma^\alpha$，根据第 2 章分析结果，$\alpha$ 稳定分布噪声条件下 SR 系统分数阶福克-普朗克方程为

$$\frac{\partial}{\partial t}\rho(x,t) = \frac{\partial}{\partial x}\{[-ax + bx^3 - s(t)]\rho(x,t)\} + D\frac{\partial^\alpha}{\partial |x|^\alpha}\rho(x,t) \tag{4.4}$$

其中，$\rho(x,t)$ 为 t 时刻表征双稳态系统输出信号幅值统计特性的概率密度函数。因为周期信号 $s(t)$ 的存在，式（4.4）中包含非自治项 $A\cos(\omega_0 t + \varphi)\rho(x,t)$，所以方程不存在定态解[145-146]。

在信号处理领域，考虑信号变换为瞬时完成，假设输出可快速达到稳定状

态，$\rho(x,t)$ 不再随时间变化，则可以认为

$$\frac{\partial}{\partial t}\rho(x,t) = 0 \tag{4.5}$$

方程可变换为

$$\frac{\partial}{\partial x}\{[-ax + bx^3 - s(t)]\rho(x,t)\} + D\frac{\partial^\alpha}{\partial|x|^\alpha}\rho(x,t) = 0 \tag{4.6}$$

根据信号数字化处理的基本方法，可以采用离散方式对信号进行采样处理，在此引入采样时刻 t_0，将时变分数阶微分方程变为针对固定时刻的分数阶常微分方程，进行近似求解，则可得

$$\frac{\partial}{\partial x}\{[-ax + bx^3 - s(t_0)]\rho(x,t_0)\} + D\frac{\partial^\alpha}{\partial|x|^\alpha}\rho(x,t_0) = 0 \tag{4.7}$$

这时 $s(t_0)$ 变为常数，周期信号作用下的非线性随机共振问题简化为常值信号激励下的随机共振问题，极大简化了求解过程。设 $s(t_0) = s_0$，方程可进一步简化为

$$\frac{\partial}{\partial x}\{[-ax + bx^3 - s_0]\rho(x)\} + D\frac{\partial^\alpha}{\partial|x|^\alpha}\rho(x) = 0 \tag{4.8}$$

其中，a、b、s_0、D 均为常数。

如果想得到输出信号概率密度，则需要求解分数阶微分方程式（4.8）。至此，随机共振系统输出信号的获取问题变为空间分数阶微分方程的求解问题，本书基于有限差分法进行求解[147-148]，在引入"采样时刻"后，我们称之为"定时有限差分法"，具体求解过程如下。

首先，根据 GL 分数阶导数定义，在空间域确定输出信号取值的左右边界，也就是 SR 系统输出值的上下限。设左界为 x_L，右界为 x_R，将空间域 $[x_L, x_R]$ 划分为 M 等份，可根据计算精度需求合理选择左右界和 M 值，令

$$h = \frac{x_R - x_L}{M} \tag{4.9}$$

$$\rho_i = \rho(x_L + ih), 0 \leqslant i \leqslant M \tag{4.10}$$

且满足边界条件 $\rho_0 = \rho(x_L) = 0, \rho_M = \rho(x_R) = 0$

对方程式（4.8）进行差分处理可得

$$(-a + 3bx_i^2)\rho(x_i) + (-ax_i + bx_i^3 - s_0)\frac{\rho_i - \rho_{i-1}}{h} \\ + \frac{D}{h^\alpha}\sum_{k=0}^{i+1} g_k \rho_{i-k+1} + \frac{D}{h^\alpha}\sum_{k=0}^{M-i+1} g_k \rho_{i+k-1} = 0 \tag{4.11}$$

根据分数阶微分方程求解定义[147]，其中

$$g_k = (-1)^k \binom{\alpha}{k}, \quad \binom{\alpha}{k} = \frac{\alpha(\alpha-1)\cdots(\alpha-k+1)}{k!} \quad (4.12)$$

令

$$p_i = (-a + 3bx_i^2), 0 \leqslant i \leqslant M \quad (4.13)$$

$$q_i = (-ax_i + bx_i^3 - s_0), 0 \leqslant i \leqslant M \quad (4.14)$$

方程式（4.11）可以简化为

$$\left[p_i + \frac{q_i}{h} + \frac{2Dg_1}{h^\alpha}\right]\rho_i + \left[-\frac{q_i}{h} + \frac{Dg_2}{h^\alpha} + \frac{Dg_0}{h^\alpha}\right]\rho_{i-1} + \left[\frac{Dg_2}{h^\alpha} + \frac{Dg_0}{h^\alpha}\right]\rho_{i+1} \\ + \frac{D}{h^\alpha}\sum_{k=3}^{i+1}g_k\rho_{i-k+1} + \frac{D}{h^\alpha}\sum_{k=3}^{M-i+1}g_k\rho_{i+k-1} = 0 \quad (4.15)$$

设方程的数值解即概率密度表示为

$$\boldsymbol{\rho} = [\rho_1, \rho_2, \cdots, \rho_{M-1}]^T \quad (4.16)$$

则方程式（4.15）可以写作矩阵方程

$$[A]\boldsymbol{\rho} = 0 \quad (4.17)$$

则按照方程式（4.15）列写可得

$$A = \begin{vmatrix} p_1 + q_1 + \frac{2Dg_1}{h^\alpha} & \frac{Dg_2}{h^\alpha} + \frac{Dg_0}{h^\alpha} & \frac{D}{h^\alpha}g_3 & \cdots & \frac{D}{h^\alpha}g_{M-1} \\ -q_2 + \frac{Dg_2}{h^\alpha} + \frac{Dg_0}{h^\alpha} & p_2 + q_2 + \frac{2Dg_1}{h^\alpha} & \frac{Dg_2}{h^\alpha} + \frac{Dg_0}{h^\alpha} & \cdots & \frac{D}{h^\alpha}g_{M-2} \\ \frac{D}{h^\alpha}g_3 & -q_3 + \frac{Dg_2}{h^\alpha} + \frac{Dg_0}{h^\alpha} & p_3 + q_3 + \frac{2Dg_1}{h^\alpha} & \cdots & \frac{D}{h^\alpha}g_{M-3} \\ \frac{D}{h^\alpha}g_4 & \frac{D}{h^\alpha}g_3 & -q_4 + \frac{Dg_2}{h^\alpha} + \frac{Dg_0}{h^\alpha} & \cdots & \frac{D}{h^\alpha}g_{M-4} \\ \vdots & \vdots & \vdots & \vdots & \vdots \\ \frac{D}{h^\alpha}g_{M-1} & \frac{D}{h^\alpha}g_{M-2} & \frac{D}{h^\alpha}g_{M-3} & \cdots & p_{M-1} + q_{M-1} + \frac{2Dg_1}{h^\alpha} \end{vmatrix}$$

$$(4.18)$$

整理式（4.18），可以简写为

$$A_{ij} = \begin{cases} p_i + q_i + \dfrac{2Dg_1}{h^\alpha}, & j = i \\ -q_i + \dfrac{Dg_2}{h^\alpha} + \dfrac{Dg_0}{h^\alpha}, & j = i-1 \\ \dfrac{Dg_2}{h^\alpha} + \dfrac{Dg_0}{h^\alpha}, & j = i+1 \\ \dfrac{D}{h^\alpha} g_{i-j+1}, & j \leqslant i-2 \\ \dfrac{D}{h^\alpha} g_{j-i+1}, & j \geqslant i+2 \end{cases} \quad (4.19)$$

同时，矩阵方程式（4.16）满足边界条件

$$\sum_{i=1}^{M-1} h \rho_i = 1 \quad (4.20)$$

具体求解时，首先对 A_{ij} 进行赋值，然后采用高斯消元法，即可得到矩阵方程式（4.17）的解，即可得到在周期信号 $s(t) = A\cos(\omega_0 t + \varphi)$ 和 α 稳定分布噪声共同作用下双稳态系统输出信号概率密度的离散解。

应用定时有限差分法，取 $a=1, b=1$，噪声强度 $D=0.5$，微弱周期信号幅度 $A=0.1$，并假设判决时刻 t_0 在 $T/4$ 信号波峰处，即 $s_0 = 0.1$。分别在 $\alpha = 1.2$、$\alpha = 1.5$、$\alpha = 2$ 时，求解出系统的概率密度，如图 4.4 所示。可见从理论求解出发，在周期信号和噪声共同作用下，得到的双稳态系统输出信号的概率密度呈现典型的双峰结构，与期望输出一致，并且其冲击程度与 α 稳定分布噪声相关，α 取值越小，概率分布越集中，说明一定范围内噪声脉冲性对随机共振有利。

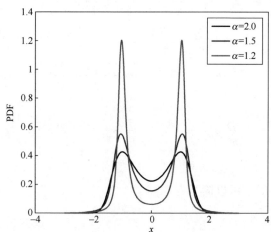

图 4.4 不同 α 取值时双稳态系统输出概率密度定时有限差分法求解结果（见彩图）

采用同样的求解方法,利用方程式(4.8),令 $s_0=0$,可以求解出无周期信号 $s(t)$ 输入时,双稳态系统输出信号的概率密度。通过此方法,我们从理论上得出了有无 DSFH 中频信号两种状态下输出信号概率密度分布,通过这种情况下的差别可以判断信号接收码元的"1""0"状态,利用这种差别进行量化计算,即可得到系统的检测概率和虚警概率。

这种基于有限差分法求解时变微分方程固定时刻状态的方法,既符合数字信号处理领域采样处理的做法,又极大简化了求解难度,后续将作为本书获取 SR 系统理论输出结果的主要手段。

4.1.3 接收信号分析与随机共振现象验证

前面利用有限差分法求解了 SR 系统输出信号的概率密度,下面我们基于郎之万方程采用时域数值仿真的方法获得输出信号,进行分析。在数值仿真的基础上,对得到输出信号进行统计处理,同样可得到其概率密度分布,计算结果可以与理论求解结果的相互验证。

本节采用五阶龙格-库塔算法进行仿真,则 SR 系统的输出可表示为下式:

$$\begin{cases} x(n+1) = x(n) + \dfrac{h}{6}(k_1 + k_2 + 2 \times k_3 + k_4 + k_5) + h^{1/\alpha} \times \xi(n) \\ k_1 = ax(n) - bx^3(n) + s(n) \\ k_2 = a\left(x(n) + \dfrac{hk_1}{2}\right) - b\left(x(n) + \dfrac{hk_1}{2}\right)^3 + s(n) \\ k_3 = a\left(x(n) + \dfrac{hk_2}{2}\right) - b\left(x(n) + \dfrac{hk_2}{2}\right)^3 + s(n+1) \\ k_4 = a\left(x(n) + \dfrac{hk_3}{2}\right) - b\left(x(n) + \dfrac{hk_3}{2}\right)^3 + s(n+1) \\ k_5 = a\left(x(n) + hk_4\right) - b\left(x(n) + hk_4\right)^3 + s(n+1) \end{cases} \quad (4.21)$$

其中:$x(n)$ 为 SR 系统输出信号第 n 个采样值;$s(n)$ 为输入周期信号第 n 个采样值;$\xi(n)$ 为 α 稳定分布噪声第 n 个采样值;h 为时间步长。

当特征指数 α 取值比较小时,α 稳定分布噪声容易出现幅值特别大的异常值,一般在真实信号处理中,可以方便地进行剔除处理,在此进行人为的幅度截断,即

$$x(n) = \text{sign}[x(n)] \times 5, \quad |x(n)| > 5 \quad (4.22)$$

根据绝热近似理论,随机共振系统主要适用于低频小信号的检测,本章我们暂时不考虑 DSFH 实际输出的中频信号频率、幅度问题,先解决 α 稳定分布

噪声下利用随机共振方法提高信噪比的可行性、参数选择及性能度量问题，具体信号适应性问题，第 5 章专门进行讨论。首先我们针对低频信号随机共振检测进行仿真分析，验证随机共振方法的可用性。基于式（4.1）表示的双稳态随机共振系统，选择频率为 0.1Hz 的正弦信号作为被检测信号，令其幅度 $A=0.1$；双稳态系统结构参数 $a=1,b=1$，选取 α 稳定分布噪声特征参数 $\alpha=1.2$、噪声强度 $D=0.5$ 的情况，仿真结果如图 4.5 所示。

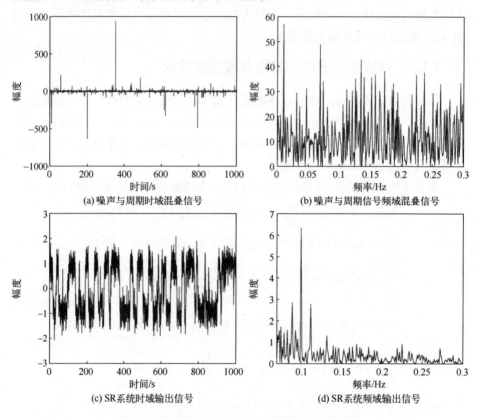

图 4.5 随机共振系统输入输出信号时域和频域图

由图 4.5 可见，图 4.5（a）表示 α 稳定分布噪声与微弱正弦信号混叠的情况，当 $\alpha=1.2$ 时，信号的脉冲性比较强，可见从时域观察，信号完全被噪声淹没，看不出周期性特征；图 4.5（b）为混叠信号频域情况，我们处理信号检测最常用的方法是将信号转换到频域，提取信号的频谱特征。转换到频域之后可以看到，周期信号对应 0.1Hz 谱也是完全被淹没，无法找出频率信号。图 4.5（c）、（d）是经过随机共振处理后输出信号的时域和频域显示，可见，由于非线性系统的作用，噪声信号的大幅度异常值被大大压制，在时域信号表现出一定的周期特征,实际这个周期特征就是由微弱信号的周期性诱导的。在频域,噪声分量得到很大抑制,在去掉0Hz附近的直流分量后,周期信号0.1Hz的频率成分被凸显出来,这在很大程度上减小了信号检测的难度,信噪比得到明显提升,说明了随机共振信号检测方法的有效性。

噪声是随机共振现象发生的必要条件,那么α稳定分布噪声的脉冲性对随机共振的影响是怎样的呢?同样利用式(4.1)表示的随机共振系统,选择不同的噪声条件进行仿真实验,令噪声特征参数α分别取值2.0、1.5、1.2、0.8,即噪声条件变化,在输入微弱周期信号不变的情况下,分析随机共振输出信号变化。随机共振后,通过频域分析可直接凸显被检信号频率,所以我们主要通过频域输出结果进行对比,如图4.6所示。图4.6(a)~(d)分别表示不同噪声条件下系统输出的频域表示,可见,α取值越小,被检测信号的频谱幅值虽然绝对值下降,但是相对噪声的幅度,也就是信噪比会提高,信号越容易被检测。而噪声越接近高斯噪声,其信噪比提升的效果会越来越差。

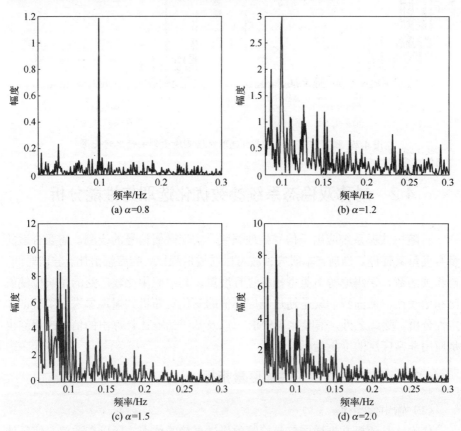

图4.6 相同系统参数不同噪声条件下随机共振检测性能分析

上述结果是在固定随机共振系统参数的条件下进行仿真的结果，前面提到过参数诱导随机共振的思想，在实际处理效果不佳的情况下，我们还可以通过参数的优化选取来提高系统检测能力。如图 4.7 所示，选取 $\alpha=1.5$，由图 4.7（a）可见，在当前的参数条件下，系统检测效果比较差，被检测信号并没有得到大幅凸显。我们可以尝试通过改变系统参数解决此问题，在相同的噪声条件下，我们将参数 b 由 1 调整为 1.5，则信噪比提升效果明显发生了改进，如图 4.7（b）所示。可见，系统参数对随机共振系统的信号适应性、检测能力和效果有着直接影响，在 4.2 节我们将主要研究 α 稳定分布噪声条件下，针对周期信号检测这一目标，随机共振系统参数选取和优化的相关问题。

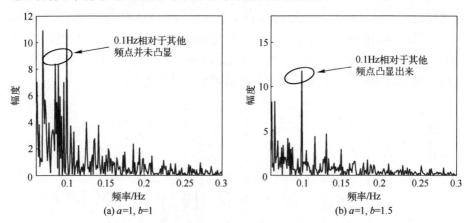

图 4.7 相同噪声条件下参数选取对检测输出影响情况对比图

4.2 对称双稳态系统参数优化选取与性能分析

将随机共振系统应用于信号处理领域，实现微弱信号的检测，需要合适的参数度量其性能。当前，本研究领域可以通过信噪比、响应幅值比、驻留时间、自相关函数、误码率等多类型指标进行度量，其中应用比较广泛的是响应幅值比和信噪比，前面我们就是通过响应幅值的变化对随机共振现象进行了验证和定性分析，除此之外，信噪比（SNR）以及基于信噪比计算出的信噪比增益也是应用非常广泛的度量指标。

4.2.1 随机共振系统性能度量指标

（1）输出信噪比。

信噪比是随机共振微弱信号检测效果最直接的体现，所以在通信、信号处理领域应用非常多。信噪比一般定义为有用信号与背景噪声功率之比：

$$\mathrm{SNR} = \frac{P_\mathrm{S}}{P_\mathrm{N}} = \frac{\int_{-\infty}^{+\infty} S_\mathrm{signal}(\omega)\mathrm{d}\omega}{\int_{-\infty}^{+\infty} S_\mathrm{noise}(\omega)\mathrm{d}\omega} \qquad (4.23)$$

其中：$S_\mathrm{signal}(\omega)$ 为有用信号双边带功率谱密度；$S_\mathrm{noise}(\omega)$ 为噪声的功率谱密度。

如果有用信号是单频信号，则积分可限定为 $(\omega_0 - \Delta\omega, \omega_0 + \Delta\omega)$，可见式（4.23）分母是对全频域的积分，所以式（4.23）表示的信噪比称为全局信噪比，本书记为 GSNR(Global SNR)，可表示为 SNR_G。如果噪声计算的是某一频带的功率，则记为局部信噪比(Local SNR, LSNR)，可表示为 SNR_L。局部信噪比定义为输出信号功率与输出噪声在一定带宽内的功率之比，如式（4.24）所示。

$$\mathrm{SNR}_\mathrm{L} = \frac{P_\mathrm{S}}{\int_B S_\mathrm{noise}(\omega)\mathrm{d}\omega} \qquad (4.24)$$

局部信噪比与全局信噪比对照可见，分子均为信号功率，但分母有差别，相对于全局信噪比，局部信噪比仅包含一定带宽内的噪声，所以局部信噪比数值肯定高于全局信噪比。本书在信噪比计算中采用类似全局信噪比的概念，或者称符号信噪比，一次 DSFH 跳变代表一个码元，码元时间认为是发生随机共振的时间，本书用随机共振时间内的信号噪声功率比表示信噪比。

全局信噪比和局部信噪比对应关系如式（4.25）所示。此处以高斯噪声条件下为例说明，α 稳定分布噪声下的对应关系与之相似。其中 A 为信号幅度，D 为噪声强度，f_s 为采样频率，B 为采样点数决定的信号带宽[17]。

$$\begin{aligned}
\mathrm{SNR}_\mathrm{L} &= \frac{P_\mathrm{S}}{\int_B S_\mathrm{noise}(\omega)\mathrm{d}\omega} \\
&= \frac{\lim_{\Delta\omega \to 0} \int_{\omega_0 - \Delta\omega}^{\omega_0 + \Delta\omega} S_\mathrm{signal}(\omega)\mathrm{d}\omega}{\int_B S_\mathrm{noise}(\omega)\mathrm{d}\omega} \\
&\approx \sqrt{2} \left(\frac{a^2}{4b}\right)\left(\frac{A}{D}\right)^2 \exp\left(-\frac{a^2}{4bD}\right) \cdot \frac{f_\mathrm{s}}{B}
\end{aligned} \qquad (4.25)$$

信噪比增益（SNR Improvement，SNRI）定义为输出信噪比和输入信噪比的比值，即

$$\mathrm{SNRI} = \frac{\mathrm{SNR}_\mathrm{out}}{\mathrm{SNR}_\mathrm{in}} = \frac{S_\mathrm{out}(f_0)/(P_\mathrm{out} - S_\mathrm{out}(f_0))}{S_\mathrm{in}(f_0)/(P_\mathrm{in} - S_\mathrm{in}(f_0))} \qquad (4.26)$$

在很多情况下，相对于绝对幅度的提高，信噪比的相对提高程度，对信

号检测难易程度影响更大，可以认为信噪比增益更能够表征系统对信号的改善程度，当 SNRI >1 时，说明被检测信号通过 SR 系统得到了增强。因此我们可以以 SNRI 为依据，进行随机共振系统参数 a、b 的选取，由于噪声的随机性，会使得信噪比变化有一定的随机性，我们引入平均信噪比增益的概念(A-SNRI, Average-SNRI)，如式（4.27）所示，用以增加输出结果评估的稳定性。

$$\text{A-SNRI} = \frac{1}{n}\sum_{i=1}^{n} \text{SNRI}_i \tag{4.27}$$

其中：n 为此次评估实验的次数，SNRI_i 是其中第 i 次实验的信噪比增益。

（2）互相关函数。

SNR 适合用来表征输入、输出信号被关注频率分量周期性明显的信号，对于很多非周期信号检测的场景下，一般信号带宽很宽，没有突出信号的特征，不适合用 SNR 指标研究。所以在非周期随机共振的研究中，文献[149-151]定义了输入输出信号互相关函数来定量描述输入与输出信号的关系。假设输入、输出随机变量为 x、y，则互相关函数可以表示为

$$C_0 = \max\{\overline{x(t)y(t+\tau)}\} \tag{4.28}$$

$$C_1 = \frac{C_0}{\sqrt{\overline{x(t)^2}}\sqrt{\overline{[y(t)-\overline{y(t)}]^2}}} \tag{4.29}$$

C_1 为互相关函数，相关性越强，说明信号存在的概率越大，所以可用以表征非周期随机共振现象的发生。

（3）误码率和信道容量。

通信系统中多用误码率 P_e 和信道容量 C 表征通信性能，当随机共振应用于通信系统中时，在随机共振系统的性能度量方面，这两项指标也得到了广泛应用[47,53,152-154]。二元数字通信系统中，在二进制信号通信条件下，信源符号由"0"和"1"组成，那么信号是"0"或者"1"的概率可以用 $P(0)$、$P(1)$ 表示，那么误码率 P_e 可以表示为

$$P_e = P(1)P(0|1) + P(0)P(1|0) \tag{4.30}$$

其中：$P(0|1)$ 为实际传输码元为"1"而错判为"0"的概率；$P(1|0)$ 为实际传输码元为"0"而错判为"1"的概率。

在已知误码率的基础上，信道容量可以表示为

$$C = R_b[1 + P_e \log_2 P_e + (1-P_e)\log_2(1-P_e)] \tag{4.31}$$

其中，R_b 为传输码元速率。在随机共振性能度量中，一般可以用最小误码率准

则或者最大信道容量准则度量其性能。

（4）检测概率和虚警概率。

DSFH 通信方式下，码元的"1"、"0"判决问题归结为信号存在性的判断问题，故可以引入信号检测评估领域的信号检测概率 P_d、虚警概率 P_{fa} 来度量随机共振系统性能。假设接收信号和噪声混叠，信号有和无两种假设为 H_1、H_0，检测概率 P_d 为 H_1 的情况下判断为 H_1 的概率，虚警概率 P_{fa} 为 H_0 的情况下判断为 H_1 的概率，在 DSFH 通信系统中，检测概率和虚警概率是系统检测能力的最直接体现。

（5）平均首次穿越时间。

对于双稳态系统，在噪声作用下，两个势阱粒子运动会引起概率的流动，由于噪声的随机性，造成粒子从一个势阱跃迁到另外一个势阱所用的时间也存在随机性。粒子首次跃迁时间的统计平均值称为平均首次穿越时间（Mean First Passage Time，MFPT）。一方面平均首次穿越时间表征了系统在准稳态上驻留的时间，这个准稳态对信号可靠判决非常重要；另一方面，穿越时间直接表征系统的动态性能，尤其随机共振应用在通信领域，更是决定了系统通信性能。所以 MFPT 是反映系统实际应用性能的重要参数，也是我们需要求取的重要动态参数。

本书被检测 DSFH 中频信号为单一频率正弦信号，信噪比、误码率、检测概率、平均首次穿越时间等指标均可用来度量其性能，互相关函数则主要用于非周期随机共振问题，本章主要基于信噪比指标单独针对 DSFH 通信系统中的随机共振环节来度量其信号改善性能，第 5 章则从 DSFH 系统整体角度，增加针对信号检测的检测概率、虚警概率、误码率等指标，对整体接收性能进行度量。第 6 章则从动态性能角度，主要基于 MFPT 分析系统通信速率指标。

4.2.2 噪声脉冲性对共振效果的影响分析与参数优化

前文定性分析可见，当噪声和微弱信号共同进入双稳态系统后，确实在信号频点产生了信噪比增益，随机共振使系统能量发生了迁移，从噪声转移到微弱信号中，所以噪声性质和随机共振系统模型会直接影响共振效果。下面我们主要针对 α 稳定分布噪声，不同的脉冲性条件下，以平均信噪比增益作为度量指标，研究双稳态系统参数选取对共振效果的影响情况。第 3 章虽然对战场环境噪声参数进行了限定，为提高研究结果的通用性和广度，本章还是站在 α 整个取值范围进行研究。第 5 章针对 DSFH 通信系统性能的度量，则主要针对第 3 章获取的参数范围实施。

(1) 不同 α 取值条件下，噪声诱导随机共振性能分析。

令双稳态系统参数 $a=1, b=1$，输入信号 $A=0.1, f=0.1\mathrm{Hz}$，噪声参数 $\beta=0, \mu=0$，α 稳定分布噪声特征参数分别选取 1.9、1.5、1.2、0.8、0.6、0.4，采样频率 $f_s=5\mathrm{Hz}$，采样点数 $N=10000$。基于龙格-库塔仿真方法，得到平均信噪比增益与噪声强度的关系如图 4.8、图 4.9 所示。

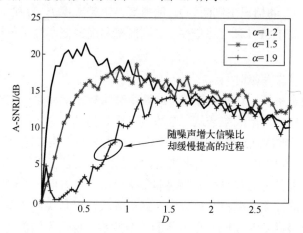

图 4.8　双稳态系统下 α 取值 1.2、1.5、1.9 时 A-SNRI 与噪声强度 D 的关系（见彩图）

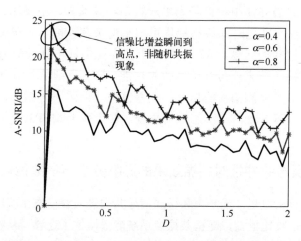

图 4.9　双稳态系统下 α 取值 0.4、0.6、0.8 时 A-SNRI 与噪声强度 D 的关系（见彩图）

由图 4.8 可见，在不同噪声条件下，随着噪声逐渐变大，平均信噪比增益并没有单调下降，均出现了先变大后变小的情况，与前文绝热近似条件下推导出的随机共振输出信噪比变化曲线非常相似，说明了噪声变化过程中，在合适的噪声强度下，发生了随机共振现象。我们再看三条曲线上升的斜率，

$\alpha=1.2$ 的曲线是上升最快的，达到的信噪比增益是最大的，说明 α 越小，也就是噪声的脉冲性越强，异常值能量越高，越容易诱导发生随机共振，并且共振效果越好，这符合常规理解。图 4.9 对应为 α 取值小于 1 的情况，可见，相对于图 4.8，其信噪比缺少了随噪声变化的过程，瞬间达到高点。我们认为这种情况很大程度是因非线性系统对噪声的抑制作用而引起，在 α 取值很小的情况下，异常脉冲值非常大，非线性系统的加入导致噪声能量被瞬间压制，信噪比增益达到峰值，然后随着噪声强度的增加，信噪比逐渐下降，我们认为这是一种非典型的随机共振现象。第 3 章实验表明，实际物理系统噪声的脉冲性很难达到这样的脉冲程度，所以在此我们仅作定性描述，这对后续 DSFH 通信系统性能研究并不产生影响，其边界条件与结果产生原因还需进一步研究分析。

（2）一定噪声强度下，SR 系统参数选取对共振效果的影响分析。

令噪声强度 $D=1$，微弱信号频率 $f=0.1\text{Hz}$，幅度 $A=0.1$ 的条件下，在噪声特征参数分别选择 1.0、1.2、1.5、1.9 时，固定系统参数 $b=1.3$，令 a 从 0 开始逐渐增大，系统输出的平均信噪比增益如图 4.10 所示。

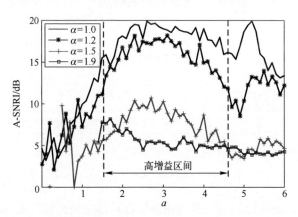

图 4.10 不同噪声条件下，固定 $b=1.3$，a 取不同值时信噪比增益情况（见彩图）

可见，所有噪声条件下，均有信噪比增益产生，a 取值对信噪比的变化能够产生很大的影响，a 取值在 1.5～4.5 范围内，产生的增益较大，这是参数诱导随机共振作用的体现，对于不同的噪声条件，其信噪比增益变化差别较大。在一定范围内，特征参数 α 越小，同等条件下产生的增益越大，这与前文形成的结论是一致的。静态条件下应用随机共振检测微弱信号，参数选取是非常重要的环节，直接影响处理效果。但是在信号和噪声都在变化的条件下，例如在

DSFH 通信中，不可能做到固定信噪比输入，此时系统高增益区间越宽，系统适应能力越强。

4.2.3 噪声偏斜度对共振效果的影响分析

很多情况下，系统噪声并不是均值为 0 的白噪声条件。第 3 章我们获取了既定场景的环境噪声数据。通过参数估计可见，在雷达、通信、电子对抗装备发射信号时间段，数据表现出正偏斜的特征，所以说研究噪声偏斜度对随机共振检测性能的影响是很有必要的。

令双稳态系统参数 $a=1, b=1$，输入信号 $A=0.1, f=0.1\text{Hz}$，噪声参数 $\alpha=1.5, \mu=0$，α 稳定分布噪声偏斜参数分别选取 -0.8，0，0.8，采样频率 $f_s=5\text{Hz}$，采样点数 $N=10000$。基于龙格-库塔仿真方法，得到平均信噪比增益与噪声强度的关系如图 4.11 所示。

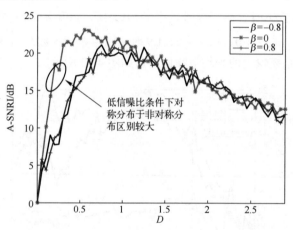

图 4.11　$\alpha=1.5$、$A=0.1$ 时不同偏斜噪声条件下随机共振效果（见彩图）

由图 4.11、图 4.12 可见，噪声偏斜特性对随机共振效果总体影响并不是特别明显，且正偏斜、负偏斜产生的影响效果基本相同。图 4.11 显示，较低信噪比条件下，相对于有偏斜的噪声，对称 α 稳定分布噪声"起振"更快，信噪比增益更高一些。随着输入信号变大，这样的效果会变得越来越不明显，图 4.12 输入信号幅度调整为 0.2，可见噪声偏斜度的影响进一步变小。应用随机共振实施微弱信号检测，噪声偏斜度总体对信噪比增益影响不大，后续研究可不过多考虑该条件影响。

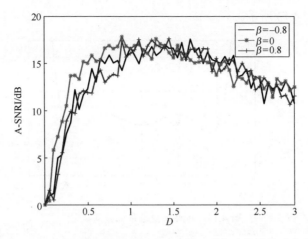

图 4.12　α=1.5、$A=0.2$ 时不同偏斜噪声条件下随机共振效果（见彩图）

4.3　对称三稳态系统的随机共振检测模型与性能分析

经典随机共振理论研究中，研究者基本都采用双稳态系统作为外力势函数环境，但在实际工程领域，外力势函数环境是多种多样的。出于对新的势函数进行探索性研究的目的，已经有研究者将三稳态系统引入随机共振研究[30-31]，但是，相关研究开展得还非常少，并且均属尝试性、探索性、定性研究，对系统进行深度性能度量，或者结合具体应用背景的研究还属空白。本书在 DSFH 通信背景和脉冲噪声条件下，开展了基于三稳态系统的随机共振信号检测问题研究，并对其进行性能度量。

4.3.1　对称三稳态系统检测模型

在 α 稳定分布噪声和 DSFH 中频信号的共同作用下，基于对称三稳态系统的随机共振系统可用微分方程表示为

$$\begin{cases} \dfrac{\mathrm{d}x}{\mathrm{d}t} = -U'(x) + s(t) + \xi(t) \\ U(x) = \dfrac{a}{2}x^2 - \dfrac{b}{4}x^4 + \dfrac{1}{6}cx^6, \quad a>0, b>0, c>0 \end{cases} \quad (4.32)$$

其中：$U(x)$ 为对称三稳态系统势函数；$s(t) = A\cos(\omega_0 t + \varphi)$ 为 DSFH 中频信号；$\xi(t)$ 为 α 稳定分布噪声，强度为 D，特征指数为 $\alpha(0<\alpha\leqslant 2)$。对称三稳态系

统势函数如图 4.13 所示。

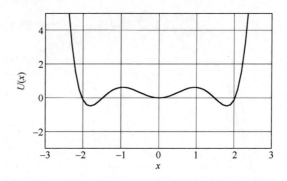

图 4.13 对称三稳态系统势函数图

4.3.2 噪声脉冲性对共振效果的影响分析

不同 α 取值条件下，噪声诱导随机共振性能分析。

采用式（4.32）表示的对称三稳态系统，令系统参数 $a=1, b=1, c=1$，输入信号 $A=0.2, f=0.1\text{Hz}$，噪声参数 $\beta=0, \mu=0$，α 稳定分布噪声特征参数分别选取 1.9、1.5、1.2、0.8、0.6、0.4，采样频率 $f_s = 5\text{Hz}$，采样点数 $N=10000$。基于龙格-库塔仿真方法，得到平均信噪比增益与噪声强度的关系如图 4.14、图 4.15 所示。

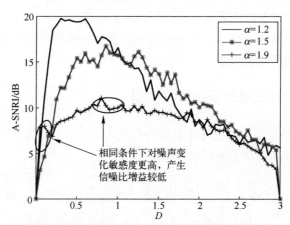

图 4.14 对称三稳态系统下不同噪声条件时 A-SNRI 与噪声强度 D 的关系（见彩图）

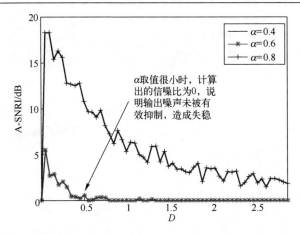

图4.15 对称三稳态系统下不同噪声条件时 A-SNRI 与噪声强度 D 的关系（见彩图）

由图4.14、图4.15可见，在 $\alpha > 1$ 时，系统随机共振效果与双稳态系统类似，噪声脉冲性对共振效果的影响也基本相同。但是曲线上升和下降的斜率较双稳态都要陡峭一些，说明系统对噪声的变化更为灵敏。同时我们关注到，在 α 取值较大的时候，双稳系统和三稳系统的差别较大，相对三稳系统，双稳系统的信噪比增益随噪声变化上升更加缓慢，峰值出现在噪声强度较大的区域，虽然敏感性能不好，但是噪声控制比较容易实现，所以双稳系统随机共振可控性更强。可控性一般指系统的状态可由外部输入作用来控制的一种性能，来源于控制理论中的能控性，其内涵原指在输入信号作用下，有限时间内可使偏离平衡状态的系统恢复到平衡状态，本书主要用来表征系统通过调整噪声幅度或系统参数诱导发生随机共振以及控制随机共振效果的难易程度。

但是在 $\alpha < 1$ 的情况下，同样也是一种非典型的随机共振特征，且随着 α 取值逐渐减小，系统性能恶化比较严重，说明了系统出现了"失稳"的情况。对称三稳态系统下，系统参数优选不再单独分析，下文结合非对称三稳系统进行阐述。

4.3.3 噪声偏斜度对共振效果的影响分析

令对称三稳态系统参数 $a=1, b=1, c=1$，输入信号 $A=0.1, f=0.1\text{Hz}$ 和 $A=0.2$ 两种情况下，噪声参数 $\alpha=1.5, \mu=0$，α 稳定分布噪声偏斜参数分别选取 $-0.8, 0, 0.8$，采样频率 $f_s=5\text{Hz}$，采样点数 $N=10000$。基于龙格-库塔仿真方法，得到平均信噪比增益与噪声强度的关系如图4.16、图4.17所示。

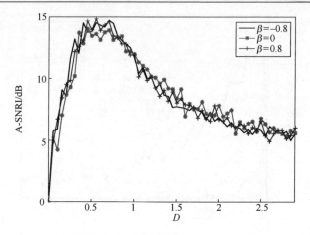

图 4.16　对称三稳态系统下低信噪比时不同偏斜噪声对随机共振效果的影响分析（见彩图）

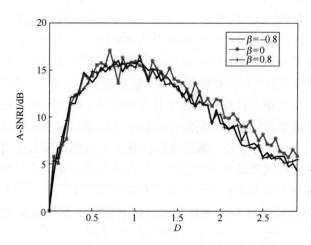

图 4.17　对称三稳态系统下较高信噪比时不同偏斜噪声对随机共振效果影响分析（见彩图）

可见，针对对称三稳态随机共振系统，噪声偏斜度对共振效果几乎没有影响。

4.4　非对称三稳态系统的随机共振检测模型与性能分析

在对称非线性系统研究的基础上，本节以非对称三稳态随机共振系统为对象，研究其信号检测性能。

4.4.1　非对称三稳态系统模型

前面我们的双稳态和三稳态系统，都是选取了对称的势函数作为研究对象，

实际很多外部势系统都是非对称的，针对式（4.32）势函数进行改动，增加一个非对称项，即

$$U(x)=\frac{a}{2}x^2-\frac{b}{4}x^4+\frac{1}{6}cx^6-\frac{1}{3}rx^3, \quad a>0,b>0,c>0,r\neq 0 \quad (4.33)$$

在非对称项中，r 称为偏度系数，表征系统的非对称性，r 取不同值时，非对称三稳态系统函数图 4.18 所示。

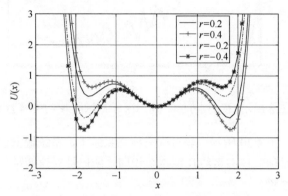

图 4.18 非对称三稳态系统势函数图（见彩图）

4.4.2 噪声脉冲性对共振效果的影响分析

令非对称三稳态系统参数 $a=1, b=1, c=1, r=0.1$，输入信号 $A=0.2$，$f=0.1\text{Hz}$，噪声参数 $\beta=0, \mu=0$，α 稳定分布噪声特征参数分别选取 1.9、1.2、1.5、0.8、0.6、0.4，采样频率 $f_s=5\text{Hz}$，采样点数 $N=10000$。基于龙格-库塔方法仿真，得到平均信噪比增益与噪声强度的关系如图 4.19、图 4.20 所示。

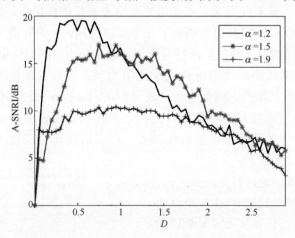

图 4.19 非对称三稳态系统 α 取值分别为 1.2、1.5、1.9 时 A-SNRI 与噪声强度 D 关系图（见彩图）

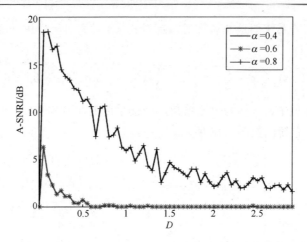

图 4.20 非对称三稳系统 α 取值分别为 0.4、0.6、0.8 时 A-SNRI 与噪声强度 D 关系图（见彩图）

如图 4.19、图 4.20 所示，非对称三稳态系统下，系统输出信噪比增益随噪声变化情况与对称三稳态系统几乎完全相同，所以针对这两种系统的使用及性能结果可互相参照。

4.4.3 系统参数优选

非对称三稳态系统包含了 a、b、c、r 四个参数，下面分析几个参数对共振效果的影响情况，并进行参数选择。

（1）不同噪声脉冲性下，固定参数 b、c、r，参数 a 变化影响分析。

分别选取特征指数 $\alpha=1.0,\alpha=1.2,\alpha=1.5,\alpha=1.9$ 四种情况，令 $b=1.3, c=1$，$r=0.1$，输入信号幅度不变，噪声强度 $D=0.5$，可得到 A-SNRI 随着 a 变化的变化情况，由图 4.21 可见，在非对称三稳态系统的作用下，在所有的噪声条件下，输出信噪比增益也均出现了一个增益区间，a 的取值区间在 0.5～1 之间时，信噪比增益比较好，同样呈现出 α 取值越小，共振效果越好的特点，噪声越接近高斯噪声，增益区间现象越不明显。并且当 α 值小到一定程度时，噪声对随机共振的影响会变小，表现为 $\alpha=1.0$ 和 $\alpha=1.2$ 的信噪比增益效果比较接近。与前面双稳态系统对比，非对称三稳态系统高增益参数区间较窄，针对变化条件的适应性会比较差，所以后续研究应优先使用对称双稳态系统。

（2）不同噪声脉冲性下，固定参数 a、c、r，参数 b 变化影响分析。

仍然选取特征指数 $\alpha=1.0,\alpha=1.2,\alpha=1.5,\alpha=1.9$ 四种情况，令 $a=0.7, c=1$，$r=0.1, D=0.5$，仿真结果如图 4.22 所示。

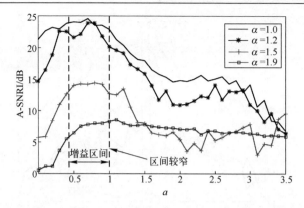

图 4.21 不同噪声条件下固定 b、c、r 时 a 取不同值时信噪比增益情况（见彩图）

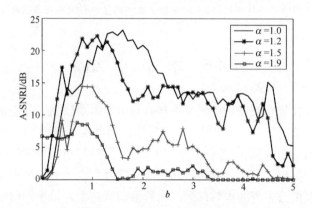

图 4.22 不同噪声条件下固定 a、c、r 时 b 取不同值时信噪比增益情况（见彩图）

如图 4.22 所示，b 变化时也能出现高信噪比增益区间，证明通过调整参数 b 也可以实现性能优化，但是相对于参数 a，针对 α 取值较大的噪声条件时，参数 b 的变化对系统的影响较大，即参数 b 更为敏感，所以后面 DSFH 系统的应用中，固定参数 a，调节参数 b 响应会更明显，但是调节参数 a 的可控性更好。

（3）不同噪声条件下，固定参数 a、b、c，参数 r 变化影响分析。

分别选取特征指数 $\alpha=1.2, \alpha=1.5, \alpha=1.9$ 三种情况，令 $a=1, b=1.3, c=1$，噪声强度 $D=0.5$，可得到 A-SNRI 随着 r 变化的曲线，如图 4.23 所示，非常明显，针对所有的噪声类型，都存在一个 r 值使得信噪比增益最大，并且这个 r 是一个接近 0 的比较小的值，非对称三稳态系统的非对称性加大会使得信噪比增益降低，所以选择对称系统或者接近对称的三稳态系统将会产生比较好的共振效果。

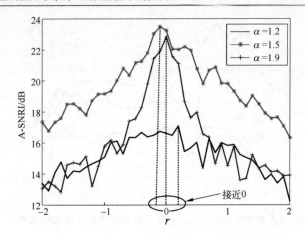

图 4.23　不同噪声条件下固定 a、b、c 时 r 取不同值时信噪比增益情况（见彩图）

4.5　本章小结

针对 DSFH 通信系统的随机共振接收环节，本章研究了 α 稳定分布噪声和低频周期信号驱动下，经典双稳态系统发生随机共振的原理。在理论研究方面，构建了系统的分数阶福克-普朗克方程和郎之万方程，引入数字信号处理中采样判决的思想，提出了一种基于判决时刻的"定时有限差分法"求解方法，解决了分数阶时变微分方程的求解问题；在数值仿真方面，以平均信噪比增益为度量指标，对双稳态系统在不同噪声条件下的共振性能进行了分析和度量，并对参数进行了优化选择。突破经典随机共振理论限制，将对称三稳态和非对称三稳态系统引入随机共振系统，通过对比分析，得出脉冲噪声条件下，双稳态系统在参数调节随机共振和噪声诱导随机共振方面可控性更好，产生信噪比增益更高，对外部条件变化适应性更好的结论；同时得出噪声偏斜度对共振效果影响较小等结论，为下一步 DSFH 通信系统构建提供了理论和实验支撑。

第 5 章 基于随机共振的 DSFH 信号检测接收系统构建研究

第 4 章主要针对随机共振方法增强低频微弱信号的问题开展研究，验证了该方法的有效性、可行性，并对系统参数进行了优化选取分析。本节立足 DSFH 通信系统接收机的设计，构建涵盖混频、滤波、尺度变换、信号检测与判决的完整接收系统，并以检测概率、虚警概率、误码率等为指标，对系统整体接收性能进行度量。

5.1 DSFH 通信系统信号接收模型

DSFH 通信模式采用超外差接收方式，如图 5.1 所示。

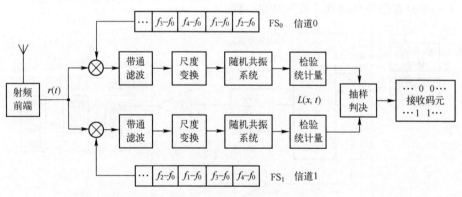

图 5.1 DSFH 信号随机共振接收结构

射频信号通过天线、射频前端进入接收系统后，接收端以两个信道并行接收，按照发送通道跳频图案，用发送频率、预置频率的差频与接收信号进行混频，在"有信号"支路会得到预置的中频信号 $s(t)$，f_0 为中频信号频率，表达式如下

$$s(t) = \cos[2\pi f_0(t - nT_s) + \varphi][\varepsilon(t - nT_s) - \varepsilon(t - (n+1)T_s)] \quad (5.1)$$

可见外差出的中频信号为单频正弦信号,当信噪比条件不好时,接收到的中频信号被淹没在噪声中,我们通过一个带通滤波器,滤除掉带外杂波。随机共振系统适合处理的是低频小信号,但是在 DSFH 模式下,预置的中频频率不可能设置到 0.1Hz 量级,所以为完成 DSFH 中频信号与随机共振处理信号之间的匹配,我们引入了尺度变换(Scale Transformation,ST)的思想,即通过线性变换将接收信号变为数学意义上的低频小信号,然后再输入随机共振接收单元。DFSH 中频信号与噪声混合进入随机共振系统,通过调节系统参数,使系统发生随机共振现象。针对随机共振系统输出的信号,则针对性设计接收结构,构建检验统计量,通过判决确认接收信号中是否存在 DSFH 中频信号,判断接收信道表示"1"或"0"状态,从而达到数据接收的目的。

根据第 4 章研究结论,在战场无线通信对应的脉冲噪声条件下,双稳态系统在信噪比增益、可控性以及信号适应性方面性能比较好,本章选用典型的双稳态系统作为接收结构,通过非线性系统抑制噪声并放大信号,提高信号信噪比,减小检测难度;然后,基于二元假设检验的方法,以概率似然比构建检验统计量,通过判决确定接收码元。

按照上述接收处理流程,我们应用 Simulink 软件构建了 DSFH 信号接收系统,如图 5.2 所示。采用"波峰"采样,使得有无信号状态差异最大,并保证了与定时有限差分法理论推导结果一致。

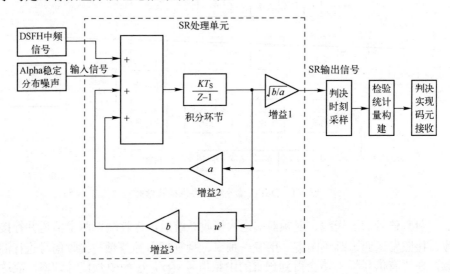

图 5.2 DSFH 信号随机共振接收 Simulink 仿真模型示意图

5.2 归一化尺度变换方法及影响分析

第 1 章我们详细阐述了绝热近似理论，随机共振适合处理的信号特征为 $D \ll 1, A \ll 1, \omega \ll 1$，即适合处理低频小信号。第 4 章应用仿真方法对 SR 系统输出性能进行了分析，都是以满足小信号要求的 0.1Hz 正弦信号作为对象进行分析。为克服微分方程时变性，采用采样信号代表原始信号的方法，理想情况下采样点设置在周期信号的 1/4 周期即"波峰"处，一个周期采样一次，所以信号的频率会影响到判决的速度，进而影响到系统通信速率。在 DSFH 模式下，我们常用预置中频信号频率为几百到几千赫兹，这不符合随机共振处理信号的小信号要求，为解决这个问题，本书引入了归一化尺度变换的方法进行处理，通过调节时间尺度和信号幅度尺度来扩展随机共振系统的信号适用范围。针对双稳态 SR 系统对应的 LE

$$\frac{dx}{dt} = ax - bx^3 + A\cos(\omega t + \varphi) + \xi(t) \tag{5.2}$$

引入变量 z 来实现归一化变化，令

$$z = x\sqrt{\frac{b}{a}}, \tau = at \tag{5.3}$$

则

$$x = \sqrt{\frac{a}{b}}z, t = \frac{1}{a}\tau \tag{5.4}$$

将式（5.4）代入式（5.2），可得

$$a\sqrt{\frac{a}{b}}\frac{dz}{d\tau} = a\sqrt{\frac{a}{b}}z - a\sqrt{\frac{a}{b}}z^3 + A\cos\left(\frac{\omega}{a}\tau + \varphi\right) + \xi\left(\frac{\tau}{a}\right) \tag{5.5}$$

Weron 等证明 Levy 过程具有 $1/\alpha$ 自相似性，即对于任意常数 $c > 0$，过程 $\{X(ct): t \geq 0\}$ 和 $\{c^{1/\alpha}X(t): t \geq 0\}$ 有相同分布，所以 $\xi\left(\frac{\tau}{a}\right)$ 与 $\left(\frac{1}{a}\right)^{\alpha}\xi(\tau)$ 具有相同分布，所以式（5.5）两边都除以 $a\sqrt{\frac{a}{b}}$，可得

$$\frac{dz}{d\tau} = z - z^3 + \sqrt{\frac{b}{a^3}}A\cos\left(\frac{\omega}{a}\tau + \varphi\right) + \sqrt{\frac{b}{a^3}}a^{-\alpha}\xi(\tau) \tag{5.6}$$

式（5.6）是式（5.2）的归一化形式，两者等价。归一化变化后信号的频率变为原来的 $1/a$，周期信号幅度变为原来的 $\sqrt{b/a^3}$。所以当处理信号为高频大信号时，可以选择较大的 a、b 值进行变化。结合前文需求论证，如用尺度变化来完成随机共振系统检测信号频率适应性的拓展，例如将 0.1Hz 的检测频率扩

展到1kHz，基本可以适应DSFH中频信号的检测需求。下面可以通过将系统参数 $a=1, b=1$ 调整为 $a=10^4, b=10^4$，验证该方法的效果。

应用Simulink构建仿真实验，产生对称无偏 α 稳定分布噪声和正弦信号的混合信号，输入到双稳态系统，参数选择 $a=1, b=1, A=0.2, f=0.1\text{Hz}, \alpha=1.2, D=\gamma=0.5$，采样频率 $f_s=20\text{Hz}$，采样点数 $N=2000$。经过随机共振前的情况与图4.5（a）、（b）所示效果类似，输入混合信号时域和频域显示，信号完全被淹没在噪声中，经过SR系统处理后，输出信号时域波形显示出周期性，输出信号频谱如图5.3（a）所示。在 $f=0.1\text{Hz}$ 处明显能看到一条谱线，其他频率特别是高频信号被抑制，也可以说噪声能量向低频段特别是向信号频率发生了迁移，表现出了随机共振的效果。

改变被检测微弱信号频率为1kHz，令SR系统参数调整为 $a=10^4, b=10^4$，采样频率 $f_s=200\text{kHz}$，采样点数 $N=2000$，其他参数不变，采用尺度变化方法，注意将积分后信号进行反变换，乘 $\sqrt{a^3/b}=10000$，通过仿真可得频域输出结果如图5.3（b）所示，信号输出增益基本和变换前相同，但谱值突出的信号频率由0.1Hz变为1kHz，图上显示为 0.98 kHz，存在一点频率误差。通过变换，对应频率信号的频谱有效得到了加强，且增幅完全相同，说明了尺度变换方法的有效性。该方法为SR系统检测频率较高的DSFH中频信号提供了方法支撑，下一步我们的信号检测研究需在尺度变换后开展。

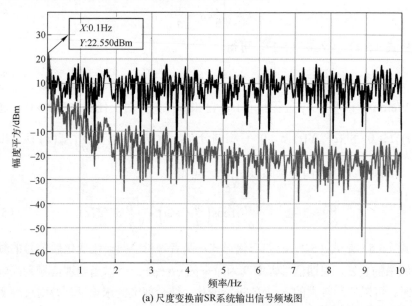

(a) 尺度变换前SR系统输出信号频域图

第 5 章　基于随机共振的 DSFH 信号检测接收系统构建研究

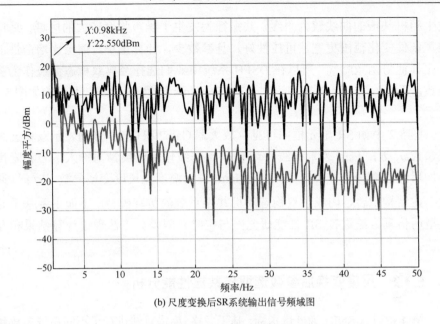

(b) 尺度变换后SR系统输出信号频域图

图 5.3　SR 系统输出信号频域图（见彩图）

5.3　SR 系统与检验统计量构建

5.3.1　基本结构

在 DSFH 通信信号接收的总体框架下，如图 5.1 所示，SR 处理及检验统计量构建是其核心处理环节，正常通信过程中，两条信道不会同时存在接收信号，所以参考 2FSK 两条支路对称逻辑判决关系，用单条支路的性能代表系统性能，同时引入判决时刻 t_0，单条支路检测结构如图 5.4 所示。

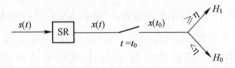

图 5.4　DSFH 系统信号接收支路结构图

首先构建 SR 系统，根据第 4 章我们对双稳态、对称三稳态和非对称三稳态势函数下随机共振响应问题的研究。相比较之下，双稳态系统噪声诱导发生随机共振的曲线较为平缓，共振行为发生于噪声强度较大的区域，适应噪声条件变化范围更宽，可控性好，且参数少，计算量小，信噪比增益性能也比其他势函数略高，所以在 DSFH 系统中我们选择经典双稳态系统作为势函数，开展系统性能分析与度量。应用 Simulink 构建 SR 系统，其结构如图 5.2 所示。

图 5.2 中如 SR 单元框图可见，放大器 Gain2 和 Gain3 分别表示双稳态系统参数 a、b，Fcn1 表示非线性环节 u^3，非线性单元反馈与输入信号和噪声相加后经过微分环节 $KT_s/(z-1)$，Gain1 表示幅度的尺度变换参数 $\sqrt{b/a}$。通过上述结构组合，构成了双稳态随机共振系统的仿真模型。下面主要基于此模型用仿真方法进行 SR 性能研究，与定时有限差分方法理论计算结果相互验证。

5.3.2 尺度变换后参数选取与共振性能分析

第 4 章以 A-SNRI 为度量指标，基于龙格-库塔算法进行了不同系统参数和噪声参数下信噪比增强性能分析，主要是从随机共振环节本身进行分析，本节将 SR 环节纳入 DSFH 通信系统，紧贴战场脉冲型噪声环境开展研究。在噪声条件方面，第 3 章基于典型场景采集了环境数据，参数估计结果显示 α 取值均在较大范围内，极限条件也很难小于 1.5，结合对实际装备发射和接收系统的性能分析以及信号衰减特性分析，可以认为 $\alpha<1.5$ 的超高脉冲数据，实际在物理系统接收端很难出现，所以本章着重研究 α 稳定分布模型特征参数为 1.5~2.0 的情况。本节在上述限定条件下研究 α 稳定分布噪声对 DSFH 通信系统 SR 环节的影响问题，使得研究更具针对性，同时以 BER 作为度量指标，更加突出 SR 接收环节对实际通信效果影响的研究。主要研究思路为，首先进行参数选取，在 DSFH 中频信号接收条件下优化 SR 系统的结构，然后分析既定参数和输入信号条件下系统的响应问题。

（1）不同噪声条件下，固定参数 a，输出 SNR 随参数 b 变化情况。

针对式（4.1）表示的双稳态系统，经过尺度变换处理后，不同于第 4 章小周期微弱信号的限定，此处选择与 DSFH 通信方式匹配的中频信号，频率为 1kHz、幅值固定的正弦信号作为周期输入信号，噪声强度为 1。度量指标也不再使用信噪比增益，直接用输出信噪比度量，以求达到最好的输出效果。根据尺度变换的理论，我们选择参数 $a=10000$，按照幅值变化 $\sqrt{a/b}\approx 10000$ 考虑，令参数 b 在以 10^{12} 为基准的 $10^{10}\sim 10^{13}$ 之间逐渐变化，α 稳定分布噪声的特征参数有针对性地分别选取 1.5、1.7、1.9，系统输出信噪比变化如图 5.5 所示。

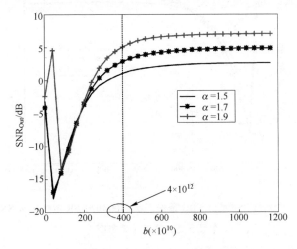

图 5.5　中频信号幅度 $A=0.2$ 条件下 $a=10000$ 时 SR 系统输出 SNR 随参数 b 变化情况（见彩图）

由图 5.5 可见，三种噪声条件下，系统均产生了信噪比的增益，当参数 $b>4\times10^{12}$ 时，基本达到增益较大的区间，且随着 b 的增大不再提高，所以参数一般选取 $b>4\times10^{12}$。当噪声的脉冲性比较强时，输出信噪比绝对值反而比较低，这个结果与前文脉冲性强更容易诱导发生随机共振的结论并不矛盾，只是因为异常值比较大造成噪声功率变大。

噪声强度不变，当输入信号进一步减弱时，令输入 DSFH 中频信号幅值变为 0.1，可见相对于图 5.5，图 5.6 整体信噪比下移到 $-25\sim-10$dB 区间，主要是因为输入信号信噪比降低引起，但信噪比也产生了增益。由 $\alpha=1.5$ 曲线可见，随着 b 的增大，输出信噪比趋于稳定，但是噪声高斯性越强，也就是 α 取值越趋于 2，随着 b 的增大，输出信噪比还能逐渐增加，所以为了取得较好的共振效果，当噪声脉冲性较弱时，可以通过增大 b 的取值获取更高的输出信噪比。因为战场电磁环境噪声实属此类情况，可通过调节 b 获得更好的输出效果。三种噪声条件下的输出信噪比曲线在 $b=3.2\times10^{12}$ 处出现交叉点，图形细节图 5.7 可以更为清楚地展现。可见输入信噪比较低时，交叉点前后不同噪声情况下性能优劣结果是相反的。

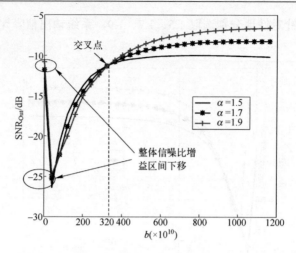

图 5.6 中频信号幅度 $A=0.1$ 条件下 $a=10000$ 时 SR 系统输出 SNR 随参数 b 变化情况（见彩图）

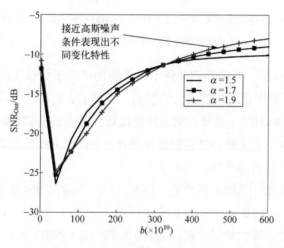

图 5.7 中频信号幅度 $A=0.1$ 条件下 $a=10000$ 时 SR 系统输出 SNR 随参数 b 变化情况局部图（见彩图）

（2）不同输入信噪比条件下，固定参数 a，输出 SNR 随参数 b 变化情况。

前文主要在不同噪声条件下，讨论了 SR 系统参数对性能影响问题。我们知道，除了噪声特性对系统性能产生影响外，输入信噪比也会直接影响信噪比输出。下面我们选择输入噪声强度 $D=1$ 情况下，通过调整输入信号幅值调整输入信噪比，使得输入信噪比分别为 -7dB、-10dB、-14dB 和 -18dB、-21dB、-28dB 条件下，分析在选择不同参数 b 时输出信噪比的变化情况,仿真结果如图 5.8、图 5.9 所示。

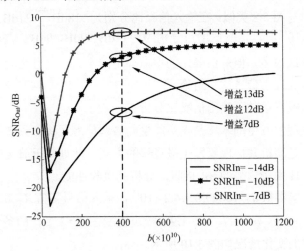

图 5.8 不同输入信噪比条件下输出 SNR 增益情况(见彩图)

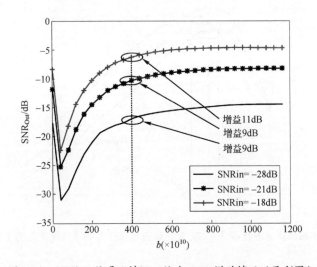

图 5.9 不同输入信噪比情况下输出 SNR 增益情况(见彩图)

图 5.8 可见,不同信噪比输入条件下均可产生信噪比增益,并且随着参数 b 取值的增大,增益趋于平稳,同样在 $b > 4 \times 10^{12}$ 后,达到增益较高的区域。输入信噪比越高,输出信噪比增益曲线趋于平稳越快,所以在能够产生随机共振现象的前提下,较大的输入信噪比,对随机共振是有利的。输入信噪比为 -7dB、-10dB、-14dB 时,$b = 4 \times 10^{12}$ 时信噪比增益分别约为 13dB、12dB、7dB。

图 5.9 是信号幅度为 0.1 时的情况，此时整体输出信噪比低于图 5.8 的情况，基本变化规律与图 5.8 类似。在输入信噪比分别为 −18dB、−21dB、−28dB 的条件下，$b=4\times10^{12}$ 时，信噪比增益分别约为 11dB、9dB、9dB。与图 5.8 比较，输入信噪比降低很多，但是信噪比的增益却下降不大，并且比较平稳，验证了随机共振适合处理小信号这一结论。

（3）不同噪声条件下输出信噪比分析。

随机共振现象发生的本质是噪声能量向微弱信号迁移，频谱能量向低频迁移，噪声诱导是随机共振现象发生最直接的方式。此处基于前文参数选择的结论，针对 DSFH 中频信号的 SR 接收，分析其接收性能。

令 SR 系统参数 $a=10000, b=4.2\times10^{12}$，输入信号幅值 $A=0.2$，分别在噪声特征参数 $\alpha=1.5$、$\alpha=1.7$、$\alpha=1.9$、噪声强度在 0～3 变化的条件下，仿真得到输出信噪比的变化情况如图 5.10 所示。

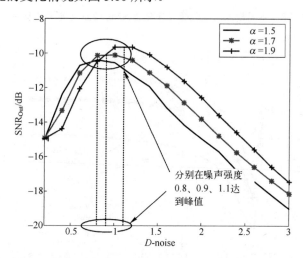

图 5.10 不同噪声脉冲性条件下 SR 系统输出信噪比与噪声强度关系图（见彩图）

图 5.10 所示，输出信噪比变化出现了典型的单峰现象，验证了随机共振现象的发生。并且在 $\alpha=1.5$、$\alpha=1.7$、$\alpha=1.9$ 三种噪声条件下，在输入微弱信号相同的情况下，输出信噪比分别在噪声强度约为 0.7、0.9、1.2 时达到峰值，说明相对于高斯噪声，脉冲性增强更利于发生随机共振，所以一定脉冲噪声条件下，应用随机共振解决信号检测问题比高斯噪声条件下效果更好。但是产生信噪比的增益却是高斯性强的噪声占优势，主要是因为大量的高幅度异常值增加了噪声的功率。

根据前面结果，固定噪声脉冲性，令 $\alpha=1.7$，微弱信号幅度分别为 $A=0.1$、$A=0.2$、$A=0.3$，噪声强度在 $0\sim3$ 变化，仿真得到信噪比输出结果如图 5.11 所示。可见，在相同的噪声条件下，信噪比峰值出现的位置基本相同，进一步说明了噪声类型对噪声诱导随机共振的影响。另外，非常重要的一点，相对大信号，小信号输入情况下，输出信噪比肯定处于较低的位置，但是信号越小，产生的信噪比增益却越大，$A=0.1$ 情况下产生的信噪比增益大约是 $A=0.3$ 情况下的 3 倍，同样验证了小信号有利于随机共振效果的提升。

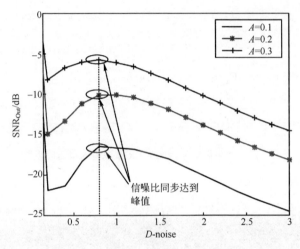

图 5.11　不同输入信号幅值相同噪声脉冲性条件下 SR 系统输出
信噪比与噪声强度关系图（见彩图）

通过双稳态系统时域输出信号的变化也能看出随机共振效果，如图 5.12、图 5.13 所示，第一行显示的是 SR 系统输入信号，第二行显示的是 SR 系统输出信号，第三行显示的是输入周期信号。如图 5.12 所示，在没有周期信号输入的情况下，双稳态系统输出虽然也是两态切换，但是周期性不明显。如图 5.13 所示，加入幅度 0.1 的正弦信号后，第一行显示的是微弱信号和噪声叠加产生的信号，可见信号完全被噪声淹没，看不出周期特征，但是经过双稳态系统后，其输出周期性较为明显地体现出来，也证明了随机共振现象的发生。

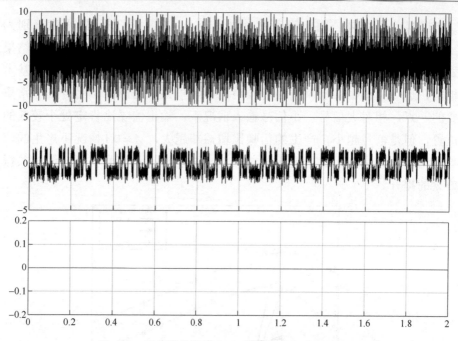

图 5.12 无周期信号情况下 SR 系统输入输出时域图

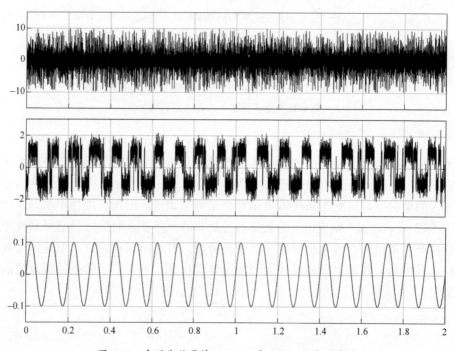

图 5.13 有周期信号情况下 SR 系统输入输出时域图

5.3.3 检验统计量构建

假设 DSFH 通信系统两条通道分别接收信号，由于两条支路不可能同时存在信号，因此信号接收问题可以归结为二元假设检验问题[155]。

$$\begin{cases} H_0 : x(t_0) = x_0(t_0) \\ H_1 : x(t_0) = x_1(t_0) \end{cases} \quad (5.7)$$

其中，$x_0(t_0)$ 为仅仅有脉冲噪声条件下 SR 系统输出响应；$x_1(t_0)$ 为 DSFH 中频信号和脉冲噪声共同激励下 SR 系统的响应；t_0 为判决时刻。

基于贝叶斯准则，针对二元通信问题，可派生出最小平均错误准则和最大后验概率准则，可得检验统计量

$$\Lambda(x, t_0) \underset{H_0}{\overset{H_1}{\gtrless}} \eta \quad (5.8)$$

其中，η 为判决门限，基于求取的概率密度，可得检验统计量为

$$\Lambda(x, t_0) = \frac{P(x|H_1, t_0)}{P(x|H_0, t_0)} \quad (5.9)$$

检测概率 P_d 为 H_1 情况下判为 H_1 的概率，虚警概率 P_{fa} 为 H_0 情况下判为 H_1 的概率；前文已经通过理论方法求解出的有无通信信号两种状态的 PDF，t_0 时刻概率密度曲线、SR 处理 DSFH 接收信号的判决区域及判决概率如图 5.14 所示。

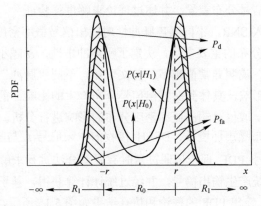

图 5.14 二元假设检验条件下检测概率和虚警概率示意图

由于 SR 粒子运动轨道的对称性，SR 系统输出信号幅度概率分布也呈对称

性特点,因此判决域也呈现对称性,即 H_1 的判决域为 $R_1 = \{R \| R| > r\}$, H_0 的判决域为 $R_0 = \{R \| R| \leqslant r\}$;所以检测概率

$$P_\text{d} = \int_{R_1} P(x|H_1)\text{d}x \quad (5.10)$$

图(5.14)中,r 为判决门限。同理,可得虚警概率

$$P_\text{fa} = \int_{R_1} P(x|H_0)\text{d}x \quad (5.11)$$

在数字通信的背景下,可以认为输出信号"1""0"概率相等,即存在

$$P(H_1) = P(H_0) = 0.5 \quad (5.12)$$

二元对称信道条件下,判决域对称,可得

$$P_\text{e} = \frac{1}{2}(1 - P_\text{d}) + \frac{1}{2}P_\text{fa} \quad (5.13)$$

式(5.13)可作为下一步计算误码率的依据。

5.3.4 检测接收性能分析

有无 DSFH 中频信号两种状态的差异,会直接反应在随机共振系统输出 PDF 上,基于上述检验统计量构建与判决的思想,在获取概率密度的基础上即可求取检测概率和虚警概率。概率密度差异越明显,判决越容易。下面首先分析不同噪声脉冲性、不同输入信噪比条件对 SR 输出概率密度差异的影响,基于仿真方式得出信号分布差异,并通过理论求解进行验证。

(1)相同输入 SNR,不同噪声脉冲性对输出信号概率密度影响分析。

α 是 α 稳定分布的重要参数,决定了噪声冲击性,α 越小脉冲性越强,概率密度拖尾越厚,说明异常值越多。前文可知,不同"脉冲"程度,输出信噪比增益会有一定影响,具体到对输出信号分布产生的影响,前文并未涉及,下面主要针对噪声 α 取值对输出概率密度分布的影响进行分析。

在 α 稳定分布噪声环境下,DSFH 接收的中频信号 f_0 与噪声混叠,经 SR 处理后,输出信号 PDF 理论值通过定时有限差分法进行求解,仿真结果通过 Simulink 构建系统产生输出信号,并经过统计计算获得,基于这两种途径,不同噪声条件下 SR 输出 PDF 的理论和仿真结果如图 5.15 所示,在输入信噪比相同的情况下,不同脉冲性噪声条件会造成有无信号两种状态输出信号概率分布产生差异。α 取值越小,有无 DSFH 中频信号驱动的输出 PDF 差异越大。这是因为参数 α 可表征 α 稳定分布噪声的冲击性情况,α 越小,冲击性越强,即噪

声的色性越强，与高斯白噪声的差异性越大，越有利于 SR 单元的起振和达到最佳共振状态，共振效果也越好，这和前文输出信噪比分析结果一致。当 $\alpha=2$ 时，α 稳定分布噪声变为高斯白噪声，可以看到其 PDF 差异最小，证明高斯白噪声对 SR 单元的驱动效果较 α 稳定分布噪声的效果差，同样证明色噪声更有利于 SR 单元的共振。

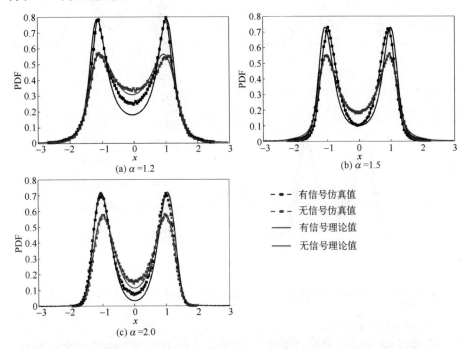

图 5.15 相同 SNR 不同 α 情况时，SR 输出信号 PDF 理论值和仿真值对比图（见彩图）

（2）相同噪声条件，不同 SNR 条件对输出信号概率密度影响分析。

在 α 稳定分布噪声环境下，前文可知不同的输入信噪比会对信噪比增益产生影响，同样也会对输出信号的分布产生影响。DSFH 中频信号和噪声经 SR 处理后，在不同 SNR 条件下输出 PDF 理论值和仿真值如图 5.16 所示。可以看出，当 α 一定时，SNR 越大，代表接收的 DSFH 中频信号的强度越大；即驱动 SR 单元的固定驱动力越大，越有利于 SR 单元的起振和最大共振效果，此结论与前文 SR 系统输入输出信噪比分析情况一致。正是在 α 稳定分布噪声环境下，SR 处理有无 DSFH 中频信号的这种输出 PDF 差异，即图 5.15 和图 5.16 的结果所示，为后续信号检测与处理提供了方法基础。

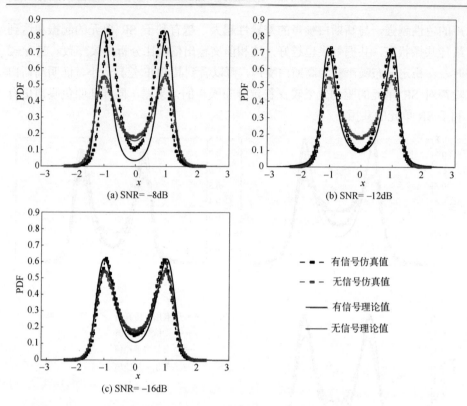

图 5.16 相同 α 不同输入 SNR 情况时 SR 输出 PDF 理论值和仿真值对比图（见彩图）

（3）接收特性分析。

在获得 SR 输出信号概率密度后，可基于式（5.10）、式（5.11）计算 P_d 和 P_{fa}，基于 P_d 和 P_{fa} 可得 α 稳定分布噪声下 DSFH 通信信号接收系统接收机工作曲线（Receiver Operation Characteristic，ROC），ROC 反映了检测概率 P_d 和虚警概率 P_{fa} 的关系，不同噪声条件、不同信噪比条件下的结果如图 5.17、图 5.18 所示。可以看出，相同输入 SNR 时，不同 α 对应不同的 ROC 曲线，曲线都通过坐标点 (0,0) 和 (1,1)，并且都是在 $P_d = P_{fa}$ 上方的凸曲线，说明了检测概率大于虚警概率，从理论上是可以实现信号检测的。噪声条件针对性选择符合实际脉冲性噪声的情况，即 α=1.5、α=1.7、α=1.9，当 SNR=−8dB 时，无论 α 取值为 1.5、1.7 还是 1.9，ROC 曲线都远远位于 $P_d = P_{fa}$ 直线的上方，代表检测性能良好，说明了当 SNR=−8dB 时，在战场脉冲噪声环境下，SR 处理方法具有可行性。当 SNR=−16dB 时，系统检测性能明显下降，所以 ROC 曲线向上的凸起变小，说明输入信噪比对检测效果影响比较大。

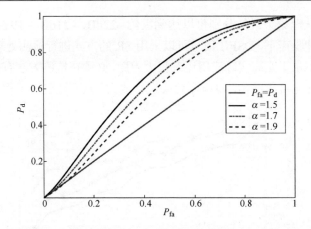

图 5.17 脉冲噪声下 DSFH 通信信号接收系统 ROC 曲线（SNR=-8dB）（见彩图）

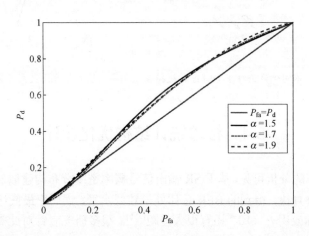

图 5.18 脉冲噪声下 DSFH 通信信号接收系统 ROC 曲线（SNR=-16dB）（见彩图）

（4）误码率特性分析。

基于 Simulink 搭建仿真条件，获取既定脉冲噪声条件下 DSFH 通信信号接收系统 BER 曲线如图 5.19 所示。可以看到，P_e 仿真值均随 SNR 的增加而减小，这是因为 SNR 的提高对提高检测概率助力还是最大的；同时 α 越小，P_e 整体越小，这是因为 SNR 一定时，噪声功率一定，α 越小，代表噪声脉冲性越强，越有利于电磁粒子在 SR 势阱中的运动，从而有利于随机共振，表现在检测性能越好，误码率越低。具体量化分析，可以看到整体误码率在 0.25～0.5 之间，我们可以认为，只要 P_e < 0.5，就说明该检测方法是有效的，因为二元假设随机判定的错误概率是 0.5，一旦 P_e ≥ 0.5 即认为检测失效。以此为依据可得，在特征参数 α = 1.5、α = 1.7、α = 1.9 的 α 稳定分布噪声驱动下，随机共振可检测信

号的信噪比从理论上最低分别可以达到大约 $-22dB$、$-21dB$、$-19.5dB$。上述分析可证明脉冲噪声下，DSFH 信号可以采用 SR 的方式进行检测处理，但是系统达到的误码率水平距离实际应用还有很大差距，必须在检测方法有效的基础上，通过进一步优化接收结构，对检测效果进行放大，从而达到可工程应用的水平。

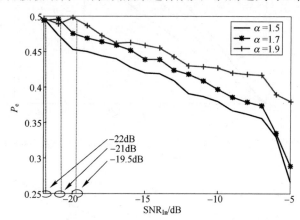

图 5.19　不同噪声条件下 DSFH 系统接收误码率与输入信噪比关系（见彩图）

5.4　检验统计结构优化设计

由 5.3 节的分析可见，基于 SR 输出信号概率密度分布构建似然比检验统计量，直接进行判决，得到的 BER 总体处于较低水平，误码率最低达到 25%的水平，距离实际应用 $P_e<10^{-4}$ 还有很大差距[156]。很多研究者针对此类信号的检测问题开展研究，文献[157-158]在高斯白噪声条件下，提出了基于随机共振输出信号的最优接收问题，比较了平均值、过零点、非相干检验统计量构建方法，属于比较早期的研究。文献[159]针对非高斯噪声和正弦信号检测问题，提出了一种基于 SNR 度量的最优接收结构，但是主要针对微弱小信号开展的相关研究。文献[160-161]针对最小错误概率、最大后验概率等准则，推导出检测概率、虚警概率等，将接收结构内涵进一步拓展。文献[162]在认知无线电领域应用了随机共振检测，采用了基于能量检测的接收结构，并与非 SR 情况下的能量检测进行了对比。文献[163]在 α 稳定分布噪声条件下，基于 SNR 指标，通过函数取极值的方法，研究了 SR 输出信号单门限检测及最优门限问题。通常针对已知信号检测，匹配滤波是比较好的方式，但是由于本书研究的低信噪比状态，信号经 SR 处理后随机分布并已完全失真，经实验，匹配滤波接收方法效果不

明显。

本节在总结前人接收结构设计经验的基础上，基于广义能量检测方法，设计检验统计量的接收结构，通过优化接收多项式参数，提升系统接收性能。

5.4.1 基于广义能量多项式的检测接收结构

针对电压和电流信号，阻抗元件消耗功率一般用 U^2/R 或者 I^2R 表示，可见功率和一般信号幅度是平方关系，功率在时间上积分可以得到信号能量，在数字离散条件下计算就是平方求和的关系，所以平方项符合能量计算的物理意义。高次项情况下一般会增加计算量，同时，本书 SR 处理环节主要发挥信号放大的作用，通过仿真验证，当选取高次多项式作为接收结构时，信号极易出现输出饱和的情况，达不到信号检测的目标，所以本书广义能量多项式检测结构，主要在平方项基础上进行扩展研究。

在 DSFH 通信信号接收的总体框架下（图 5.1），基于能量检测机理，针对检验统计量环节，将一般的平方项接收进行扩展，设计具有多项式结构的检验统计量，如图 5.20 所示。

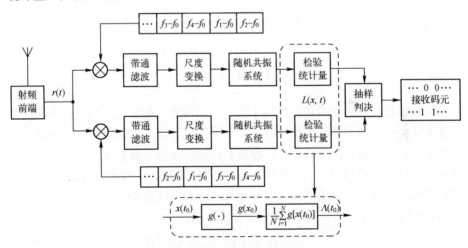

图 5.20 具有二次项结构的检验统计量

图中，$x(t_0)$ 为随机共振输出信号在判决时刻 t_0 的采样值；$g[\cdot]$ 为具有广义能量多项式结构的检验统计量，在判决时刻的输出为 $g[x(t_0)]$；$\frac{1}{N}\sum_{i=1}^{N}g[x(t_0)]$ 为引入多点判决机制后，多个判决值求平均；$\Lambda(t_0)$ 为判决时刻输出。

在 DSFH 通信信号的接收过程中，"1""0"判决已经转换为信号有无判断的二元假设问题，在此引入偏移系数的概念，偏移系数可以用来衡量两种假设输出的差异性，主要针对均值和方差可求的均值偏移问题，检验统计量的偏移系数 d 定义为[164]

$$d^2 = \frac{[E(\Lambda|H_1) - E(\Lambda|H_0)]^2}{\sigma^2(\Lambda|H_0)} \tag{5.14}$$

其中，$\Lambda(\cdot)$ 为检验统计量；$E(\cdot)$ 为期望值函数；$\sigma(\cdot)$ 为标准差函数。

当采用 Neyman-Pearson 准则时，P_e 可以通过检测概率 P_d 和虚警概率 P_{fa} 表示，即

$$\begin{aligned} P_e &= \frac{1}{2}(1 - P_d) + \frac{1}{2}P_{fa} \\ &= \frac{1}{2}\{1 - Q[Q^{-1}(P_{fa}) - \sqrt{d^2}]\} + \frac{1}{2}P_{fa} \end{aligned} \tag{5.15}$$

其中，Q 函数为标准正态分布的右尾函数，可以表示为

$$Q(x) = \int_x^{+\infty} \frac{1}{\sqrt{2\pi}} \exp\left(-\frac{1}{2}t^2\right) dt \tag{5.16}$$

当检验统计量不符合高斯分布时，偏移系数 d 定义为[164,165]

$$d^2 = \frac{[E(\Lambda|H_1) - E(\Lambda|H_0)]^2}{\frac{1}{2}[\sigma_1^2(\Lambda|H_1) + \sigma_0^2(\Lambda|H_0)]} \tag{5.17}$$

经过随机共振系统处理后的输出信号，不符合高斯分布，同样，再次经过接收函数 $g[\cdot]$，输出也是非高斯的。非高斯分布条件下，误码率 P_e 和偏移系数 d 是单调负相关的，即可以设计接收函数，使得偏移系数最大，从而达到误码率最低的目标。所以基于式（5.17），有无信号情况下，判决时刻 $g[x(t_0)]$ 方差和均值均可求取，可以通过优化设计 $g[\cdot]$，达到偏移系数最大。为书写方便，我们把 t_0 时刻输出信号值 $g[x(t_0)]$ 写作 $g(x_0)$，即

$$\max_{g(\cdot)} \frac{\{E[g(x_0)|H_1] - E[g(x_0)|H_0]\}^2}{\frac{1}{2}\{\sigma_1^2[g(x_0)|H_1] + \sigma_0^2[g(x_0)|H_0]\}} \tag{5.18}$$

一般的具有二次项的接收函数可写作

$$g(x) = l_1 x^2 + l_2 x + l_3 \tag{5.19}$$

有无信号两种情况下的偏移系数可以写为

$$\begin{aligned}
d^2(k_1,k_2,k_3) &= \frac{\{E_1[g(x_0)] - E_0[g(x_0)]\}^2}{\frac{1}{2}\{\sigma_1^2[g(x_0)] + \sigma_0^2[g(x_0)]\}} \\
&= \frac{\{E_1[k_1 x_0^2 + k_2 x_0 + k_3] - E_0[k_1 x_0^2 + k_2 x_0 + k_3]\}^2}{\frac{1}{2}\{\sigma_1^2[k_1 x_0^2 + k_2 x_0 + k_3] + \sigma_0^2[k_1 x_0^2 + k_2 x_0 + k_3]\}} \\
&= \frac{[k_1 E_1(x_0^2) + k_2 E_1(x_0) - k_1 E_0(x_0^2) - k_2 E_0(x_0)]^2}{\frac{1}{2}\left\{\begin{array}{l}E_1[(k_1 x_0^2 + k_2 x_0 - E(k_1 x_0^2 + k_2 x_0))^2] \\ + E_0[(k_1 x_0^2 + k_2 x_0 - E(k_1 x_0^2 + k_2 x_0))^2]\end{array}\right\}} \\
&= \frac{\{k_1[E_1(x_0^2) - E_0(x_0^2)] + k_2[E_1(x_0) - E_0(x_0)]\}^2}{\frac{1}{2}\left\{\begin{array}{l}k_1^2 E_1(x_0^4) + 2k_1 k_2 E_1(x_0^3) + k_2^2 E_1(x_0^2) \\ -[k_1^2 E_1^2(x_0^2) + 2k_1 k_2 E_1(x_0^2) E_1(x_0) + k_2^2 E_1^2(x_0)] \\ + k_1^2 E_0(x_0) + 2k_1 k_2 E_0(x_0^3) + k_2^2 E_0(x_0^2) \\ -[k_1^2 E_0^2(x_0^2) + 2k_1 k_2 E_0(x_0^2) E_0(x_0) + k_2^2 E_0^2(x_0)]\end{array}\right\}}
\end{aligned} \quad (5.20)$$

式（5.20）可见，计算的偏移系数 $d^2(k_1,k_2,k_3)$ 与系数 k_3 无关，所以偏移系数可以记为 $d^2(k_1,k_2)$。有无信号状态下，随机共振系统输出信号的四阶原点矩记为 $m_{11} = E_1[x]$、$m_{12} = E_1[x^2]$、$m_{13} = E_1[x^3]$、$m_{14} = E_1[x^4]$；$m_{01} = E_0[x]$、$m_{02} = E_0[x^2]$、$m_{03} = E_0[x^3]$、$m_{04} = E_0[x^4]$，那么

$$d^2(k_1,k_2) = \frac{k_1^2(m_{12}-m_{02})^2 + 2k_1 k_2(m_{12}-m_{02})(m_{11}-m_{01}) + k_2^2(m_{11}-m_{01})^2}{\frac{1}{2}\left[\begin{array}{l}k_1^2(m_{14}-m_{12}^2+m_{04}-m_{02}^2) + 2k_1 k_2\begin{pmatrix}m_{13}-m_{12}m_{11}+m_{03}\\-m_{02}m_{01}\end{pmatrix} \\ + k_2^2(m_{12}-m_{11}^2+m_{02}-m_{01}^2)\end{array}\right]}$$

（5.21）

令

$$\begin{cases}\mu_{11} = (m_{12}-m_{02})^2 \\ \mu_{12} = 2(m_{12}-m_{02})(m_{11}-m_{01}) \\ \mu_{13} = (m_{11}-m_{01})^2 \\ \mu_{21} = (m_{14}-m_{12}^2+m_{04}-m_{02}^2) \\ \mu_{22} = 2(m_{13}-m_{12}m_{11}+m_{03}-m_{01}m_{02}) \\ \mu_{23} = m_{12}-m_{11}^2+m_{02}-m_{01}^2\end{cases} \quad (5.22)$$

将式（5.22）代入式（5.21），可得

$$d^2(k_1, k_2) = 2\frac{\mu_{11}k_1^2 + \mu_{12}k_1k_2 + \mu_{13}k_2^2}{\mu_{21}k_1^2 + \mu_{22}k_1k_2 + \mu_{23}k_2^2} \quad (5.23)$$

要想使误码率最低，需满足偏移系数取最大值，式（5.23）分别对 k_1、k_2 求偏导数，可得

$$\frac{\partial d^2(k_1,k_2)}{\partial k_1} = -\frac{\partial d^2(k_1,k_2)}{\partial k_2} \quad (5.24)$$

令偏导数取 0 可得

$$k_1^2(\mu_{11}\mu_{22} - \mu_{21}\mu_{12}) + k_1k_2(2\mu_{11}\mu_{23} - 2\mu_{21}\mu_{13}) + k_2^2(\mu_{12}\mu_{23} - \mu_{13}\mu_{22}) = 0 \quad (5.25)$$

设 $k_1 = rk_2$，可得

$$r^2(\mu_{11}\mu_{22} - \mu_{21}\mu_{12}) + 2r(\mu_{11}\mu_{23} - \mu_{21}\mu_{13}) + (\mu_{12}\mu_{23} - \mu_{13}\mu_{22}) = 0 \quad (5.26)$$

式（5.26）为 r 的一元二次方程，可以求出 r，则 $g(x_0)$ 可以表示为

$$g(x_0) = x_0^2 + \frac{1}{r}x_0 + c \quad (5.27)$$

可以求出在有信号和无信号两种情况下的均值和方差

$$\begin{cases} \mu_1 = E_1[g(x_0)] = \int g(x_0)\rho(x_0,t_0|H_1)\mathrm{d}x \\ \mu_0 = E_0[g(x_0)] = \int g(x_0)\rho(x_0,t_0|H_0)\mathrm{d}x \\ \sigma_1^2 = \sigma_1^2[g(x_0)] = \int (g(x_0) - \mu_1)^2 \rho(x_0,t_0|H_1)\mathrm{d}x \\ \sigma_0^2 = \sigma_0^2[g(x_0)] = \int (g(x_0) - \mu_0)^2 \rho(x_0,t_0|H_0)\mathrm{d}x \end{cases} \quad (5.28)$$

由于非线性系统的作用，x_0 和 $g(x_0)$ 虽然不符合高斯分布，但是求出的均值和方差接近高斯分布的均值和方差。多点判决机制的引入，相当于带有周期性的信号在相同周期位置进一步作取均值处理，当 N 取值较大时，可以认为该检验统计量符合高斯分布

$$\Lambda(t_0) = \frac{1}{N}\sum g(x_0) \sim \begin{cases} N\left(\mu_1, \sigma_1^2/N\right), & H_1 \\ N\left(\mu_0, \sigma_0^2/N\right), & H_0 \end{cases} \quad (5.29)$$

其中，μ_1、σ_1 为有信号假设下 $g(x_0)$ 的期望和方差；μ_0、σ_0 为无信号假设下 $g(x_0)$ 的期望和方差。

可见此时针对此问题，可以采用高斯分布下的判决准则和误码率计算的公式。基于最小错误概率准则可得误码率

$$P_e = \frac{1}{2}(1-P_d) + \frac{1}{2}P_{fa}$$
$$= \frac{1}{2}\left[\int_{-\infty}^{\eta} \Lambda f_1(\Lambda)d\Lambda + \int_{\eta}^{+\infty} \Lambda f_0(\Lambda)d\Lambda\right] \quad (5.30)$$
$$= \frac{1}{2} - \frac{1}{2}Q\left(\frac{\eta-\mu_1}{\sqrt{\sigma_1^2/N}}\right) + \frac{1}{2}Q\left(\frac{\eta-\mu_0}{\sqrt{\sigma_0^2/N}}\right)$$

其中，η 为判决门限，似然比检测条件下，两种假设概率密度函数相等时，误码率最小，即

$$\frac{1}{\sqrt{2\pi\sigma_1^2/N}} e^{-\frac{(\eta-\mu_1)^2}{2\sigma_1^2/N}} = \frac{1}{\sqrt{2\pi\sigma_0^2/N}} e^{-\frac{(\eta-\mu_0)^2}{2\sigma_0^2/N}} \quad (5.31)$$

变换可得

$$\frac{(\eta-\mu_1)^2}{\sigma_1^2} - \frac{(\eta-\mu_0)^2}{\sigma_0^2} = \frac{2}{N}\ln\frac{\sigma_1}{\sigma_0} \quad (5.32)$$

基于式（5.32）可得到判决门限。

5.4.2 检测接收性能分析

通过前文理论分析可见，为了提高系统接收性能，对接收结构进行了设计优化，如图 5.1 所示。一是在接收结构中增加了广义能量接收多项式，相对传统的能量接收方式，多项式可以通过调节参数改变其接收性能，即可通过参数优化进一步增加与 SR 输出信号的匹配性，从而达到提高检测效果的目的；二是多次采样取均值的方式，增加了输出结果的稳定性。下面主要以理论计算和 Simulink 仿真两种方式，对接收结构产生的优化效果进行分析。

理论结果获取方式如下。

第一步：通过定时有限差分法求解系统福克-普朗克方程，求解出 SR 系统有无 DSFH 中频信号两种状态下的输出信号概率密度 $\rho(x,t_0|H_1)$ 和 $\rho(x,t_0|H_0)$，计算一至四阶原点矩 m_{11}、m_{12}、m_{13}、m_{14} 和 m_{01}、m_{02}、m_{03}、m_{04}。

第二步：根据式（5.21）~式（5.26）可以计算出二次多项式参数 r。

第三步：根据式（5.28）计算有无信号两种情况下 $g(x_0)$ 的均值和方差 μ_1、μ_0、σ_1^2、σ_0^2。

第四步：根据式（5.31）、式（5.32）计算判决门限 η。

第五步：根据式（5.30）计算系统误码率。

下面主要分析广义能量多项式以及判决点数对系统接收性能的影响，基于

Simulink 构建仿真系统,将仿真结果与理论求解结果进行对比分析。

(1) 固定噪声条件下,广义能量多项式接收与一般平方项接收性能对比分析。

令 SR 系统选择优选参数 $a=10000, b=4.2\times10^{12}$,针对战场环境噪声的参数估计结果,取噪声特征参数中间值 $\alpha=1.7$,固定输入信号幅度 $A=0.2$,通过调节噪声强度,使输入信噪比在 $-6\sim-20\mathrm{dB}$ 之间变化,可以得到系统误码率变化情况如图 5.21 所示。

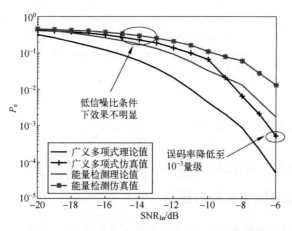

图 5.21　广义能量多项式与一般能量检测方法误码率对比图(见彩图)

可见理论计算结果优于仿真结果,并且随着信噪比提高,误码率下降明显。相对于上节不带接收结构的系统,误码率降低明显,相对于直接判决,从 0.25 的数量级降到最优 10^{-3} 量级。相对于一般能量检测,广义能量多项式检测性能也有所改善。但是总体误码率水平,尤其是较低信噪比条件下的误码率,还处于较高水平,距离可用还存在差距。实验分析认为,主要是信号随机性很大,单次采样结果抖动很大,造成误码率居高不下。

(2) 多点判决机制对系统接收性能影响分析。

相对于一般能量检测,优化参数的广义多项式接收结构使系统接收性能有所提高,但是误码率仍然处于较低的范围,还不能够达到工程应用的水平。分析原因,主要是由于噪声的随机性,造成系统数采样值 $g(x_0)$ 抖动太大造成。因此,在接收结构中,如图 5.20 所示,我们又增加了一个多点判决的环节,通过多次采样取平均的方式,增加系统的稳定性。增加多点判决后系统误码率特性如图 5.22 所示。

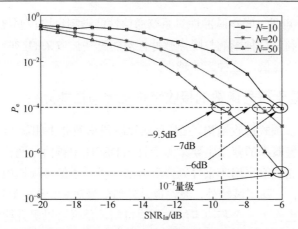

图 5.22　不同判决点数 N 的情况下误码率与输入信噪比关系（见彩图）

可见，判决点数对系统误码率的影响非常明显，当 $N=10$，$N=20$，$N=50$ 条件下，按照 $P_e>10^{-4}$ 的应用标准，系统可以适用的最低信噪比条件大约分别为 $-6\mathrm{dB}$、$-7\mathrm{dB}$、$-9.5\mathrm{dB}$。我们选用 $N=50$ 实施判决，信噪比 $-6\mathrm{dB}$ 时最低误码率可达 10^{-7} 量级，完全适应一般通信系统的误码率需求。但是需要考虑的问题是，随着 N 的增大，多次判决才能够实现一个码元的传输，势必会影响系统通信的效率，这个问题我们将在第 6 章系统动态性能研究部分讨论。

（3）不同噪声条件下误码特性分析。

上述问题都是在固定 α 稳定分布噪声特征参数为 1.7 的情况下开展的，由第 3 章结论可知，战场噪声对应特征参数在 1.5~2 之间，所以在令判决点数 $N=50$ 的条件下，分别令 α 稳定分布噪声特征参数 $\alpha=1.5,\alpha=1.7,\alpha=1.9$，通过仿真方式得到系统误码率与输入信噪比的关系如图 5.23 所示。

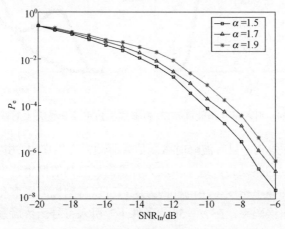

图 5.23　$N=50$ 时，不同噪声条件下误码率与输入信噪比关系（见彩图）

如图 5.23 可见，噪声脉冲性对系统通信性能影响也比较明显，脉冲性增强对信号接收有利，这种影响与噪声脉冲性对随机共振效果的影响是一致的。总体来看，信噪比越低，这种影响越小。

5.4.3 基于符号函数的接收结构优化与性能分析

广义能量多项式接收结构，在低信噪比阶段增效并不明显，前面分析可知，检测概率、虚警概率的获取主要来源于有无 DSFH 中频信号两种假设下的概率密度差异，前面我们采用"采样判决"方法，将一个信号周期内的波峰作为判决时刻实施判决，除了波峰外，波谷也是外加信号对 SR 系统驱动力最大的点，如我们把波谷也作为一个判决点纳入判决机制，是否可以提升检测效果呢？我们对波峰和波谷的判决时刻进行区分，分别令 $y(t_u)$、$y(t_d)$ 为正弦信号波峰和波谷时随机共振系统输出值，引入符号函数 $g(x)$ 入信噪比为 -10dB 条件下，符号函数的引入，引起概率密度变化如图 5.24 所示。

$$g(x)=\begin{cases} x & t_0=t_u \\ -x & t_0=t_d \end{cases} \quad (5.33)$$

引入符号函数后，会造成概率密度向正侧势阱汇集，在 α 稳定分布噪声 $\alpha=1.7$，输入信噪比为 -10dB 条件下，符号函数的引入引起概率密度变化如图 5.24 所示。

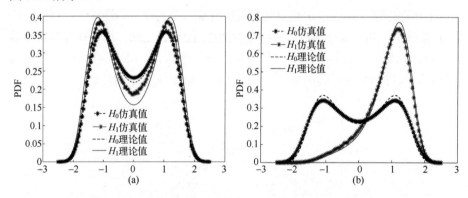

图 5.24 引入符号函数前后 SR 输出信号 PDF 变化情况（见彩图）

周期内单采样时，只有波峰时微弱信号驱动力产生作用，引入符号函数后，增加了波谷时刻的驱动力，进一步放大有无信号时刻的概率密度差异。基于符号函数处理后的概率密度，用同样的方法，可以得到检测概率和虚警概率，进而得到系统输出误码率，在 $N=50$ 的条件下，引入符号函数后系统误码率与广义能量多项式、一般能量检测的结果对比如图 5.25 所示。可见符号函数方法的采用，对低信噪比范围内整体误码率水平的降低起到了积极效果。

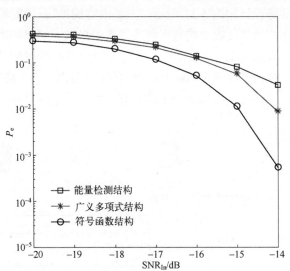

图 5.25 符号函数、广义能量多项式、一般能量检测误码率对比图（见彩图）

5.5 基于软件无线电平台的通信系统验证

在前文理论研究的基础之上，本研究基于软件无线电平台进行了验证研究，利用 System Generator 设计了 DSFH 通信系统发送和接收数字链路。以超短波电台工作频段为对象设计系统，参数设置如表 5.1 所列。

表 5.1 数字链路仿真参数设置

参数	取值
频点数	64
频点间隔	25kHz
跳频频段	50~88MHz
中频信号频率	1kHz
中频信号采样率	200kHz
射频信号幅度	0.5
射频信号采样率	192MHz

设计发射链路如图 5.26 所示，发射机由两条发送通道组成，每个通道可基于伪随机特征码生成跳频载波，通道选择模块根据发送数据 "1" "0" 状态选择

工作信道。其中跳频载波通过直接数字合成器（Direct Digital Synthesizer, DDS）生成。接收机链路设计如图 5.27 所示，主要由解调模块、SR 模块、接收结构和判决模块组成，此处接收结构选用符号函数的形式。解调模块将本地载波与接收信号差频，得到 1kHz 中频信号，然后将 192MHz 的射频采样数据进行多级降采样处理，得到采样率为 200kHz 的中频采样数据，进入搭建的双稳态 SR 系统进行处理，经过接收结构进一步放大有无中频信号的差异，判决得到接收数据。

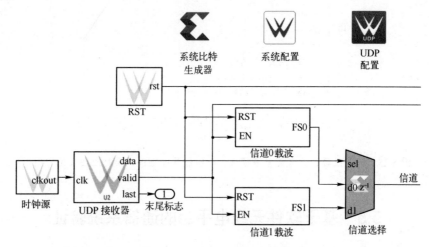

图 5.26　软件无线电平台发射机链路设计图

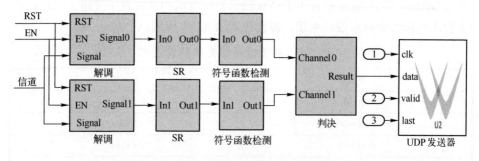

图 5.27　软件无线电平台接收机链路设计图

应用 Gateway Out 模块将接收端输出信号数据导出，波形数据如图 5.28 所示，图中第 1 行为信道 0 波形，第 2 行为信道 1 波形，第 3 行为发送数据。可见当发送"1"时信道 1 表现出明显周期性，发送"0"时信道 0 表现出明显周期性，在物理平台上验证了基于随机共振的 DSFH 通信模式的可行性。经验证，当信噪比为-10dB 时，系统通信误码率可以达到 10^{-4} 水平。

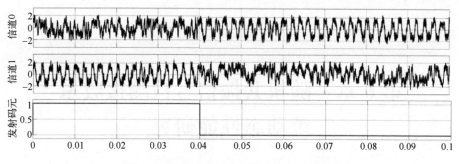

图 5.28 软件无线电平台接收机波形数据图

5.6 本章小结

本章将 DSFH 与随机共振理论结合,针对 DSFH 超外差接收信号特点和随机共振对处理信号的限制性要求,引入尺度变化的思想,建立了适合 DSFH 中频信号频率范围的随机共振通信信号检测系统,并以信噪比为度量指标对系统结构参数进行了优化选择;提出了"波峰-波谷"判决机制,实现有无 DSFH 中频信号状态概率密度差异最大化,基于概率密度差异,计算检测概率和虚警概率,得到接收机工作曲线(Receiver Operator Charateristic,ROC);分析输入信噪比与误码率关系,从理论上得出了系统适用最低信噪比条件和可达误码率水平。针对误码率水平距实际应用存在差距的问题,设计了基于广义能量多项式的信号接收结构,并引入多点判决机制,基于偏移系数最大化准则,优化广义能量多项式参数,得出系统误码率达到 10^{-4} 可用标准时对应的输入信噪比条件,以及系统可达误码率水平。瞄准进一步放大"波峰-波谷"判决条件下概率密度差异的目标,提出了一种基于符号函数的接收结构,进一步提升了检测接收性能,并基于软件无线电平台验证了该通信模式的可行性。

第6章 随机共振信号检测接收系统动态性能研究

本书基于随机共振方法构建了通信信号接收系统，在 DSFH 工作模式下，通信速率主要取决于跳速，但是本书以随机共振系统为核心设计接收机，由于随机共振响应需要一定时间，因此必须考虑其动态响应特性与 DSFH 跳频速率的匹配问题。随机共振系统响应时间以及系统可达通信速率是本章主要研究的内容。

6.1 信号动态演化过程分析

针对通信系统，能够达到的通信速率往往是我们非常关心的指标，DSFH 通信模式下，其通信速率决定于跳速，如一跳决定一个码元，则跳速越快，通信速率越高。本书通过应用随机共振方法检测低信噪比条件下的通信信号来接收码元，其前提是系统发生共振现象，所以在此条件下，DSFH 系统通信速率会受到随机共振动态响应性能的制约。通过前面分析我们知道，随机共振的本质是粒子从双稳态势阱跨越势垒，发生跃迁，并且其跃迁时间尺度远远大于势阱内粒子达到准稳态分布的时间。本书引入首次穿越时间的概念对系统动态性能进行表征，所谓首次穿越时间是指随机信号首次离开限定区域的时间。结合粒子运动进行描述，以双稳态系统为例，即粒子初始处于 $x = \pm\sqrt{a/b}$ 的某个势阱内，第一次由一个势阱跃迁到另一个势阱的时间称为首次穿越时间。

前文我们更多关注的是双稳态随机共振系统在达到跃迁平衡后的输出情况，前提是假设随机共振过程瞬间实现，但实际从信号进入系统到发生共振是存在时间延迟的，这个延迟直接影响系统动态特性。系统状态跃迁的动态特性对 DSFH 通信系统的通信性能有着非常直接的影响，所以我们必须更进一步深入量化分析系统状态变化的过程，以了解系统响应模式。

针对双稳态系统，系统输出达到定态，我们一般用式（6.1）表示

$$\rho(x) = Ne^{-U(x)/D} \tag{6.1}$$

其中

$$N = \left(\int_{-\infty}^{+\infty} e^{-U(x)/D} dx \right)^{-1} \tag{6.2}$$

但是在这种定态形成之前,需要在双稳态系统两个势阱间进行概率的交换,而我们信号处理系统恰恰是在这个阶段进行判决,所以了解系统状态演化的细节对掌握信号处理的机理具有重要作用。图 6.1 表示典型的双稳态系统,假定 x_u 即势垒处是粒子所处的初始位置,系统演化至少要分为三个阶段。

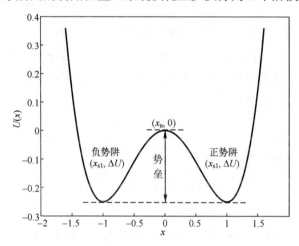

图 6.1　双稳态系统粒子跃迁示意图 ($a=1, b=1$)

第一个阶段,从不稳态到准稳态的演化阶段,也就是粒子从势垒到势阱的阶段,完成此阶段的时间,我们一般称为系统弛豫时间,当噪声强度很小时,时间长度大约是 $-\ln D$ 量级,定义为 t_0;第二个阶段,粒子概率在势阱内的分布阶段,这个状态称为准稳态,时间长度大约是 $e^{1/D}$ 量级,我们定义为 t_s;第三个阶段,系统由准稳态越过势垒到达另一侧势阱的阶段,这一过程的时间不仅远远大于 t_s,也远远大于 t_0。这个过程是在双势阱区域内已经形成局域平衡的状态下进行的,我们称为逃逸过程。局域平衡的表达式为

$$\rho(x,t) = N(t) e^{-U(x)/D} \tag{6.3}$$

对照式(6.1)可见,相对于最终定态,局域平衡和时间参数 t 是相关的,当粒子越过势垒时,我们认为这种局域平衡被打破,系统发生了跃迁,即随机共振现象发生。对于双稳态系统,在噪声作用下,两个势阱内粒子的运动不再是独立的,会出现概率的流动。由于噪声的随机性会造成粒子从一个势阱跃迁到另外一个势阱所用的时间是不同的,这些时间所取的统计平均值称为平均首

次穿越时间（MFPT），通过前文分析可知，弛豫时间 t_0、势阱内部概率分布时间 t_s 都是非常短的，而首次穿越时间则相对较长，这个时间表征了系统在准稳态驻留的时间，又称为准稳态寿命。MFPT 是系统能够稳定应用的保证，也是决定系统发生共振的时间要素，所以 MFPT 是分析系统动态特性需要求取的重要指标。

6.2 平均首次穿越时间的一般求取思路

首次穿越时间的矩可以通过求解 FPE 得到。跃迁概率分布函数 $P(x,t|x',0)$ 表示 0 时刻在 x' 位置的布朗粒子，在 t 时刻运动到 x 的概率分布，当然这个分布表示的是粒子位置边界以内的分布，即 $L_1 < x < L_2$，边界外的分布认为 $P=0$。在边界以内，其分布满足 FPE

$$\frac{\partial P}{\partial t} = L_{\mathrm{FP}}(x)P \tag{6.4}$$

同时满足边界条件

$$P(x,0|x',0) = \delta(x-x')$$
$$P(x,t|x',0) = 0 \quad x=L_1, x=L_2 \tag{6.5}$$

因为有初始条件式（6.5），初始时刻位置为 x'，t 时刻到达位置 x 的概率可表示为

$$W'(x',t) = \int_{L_1}^{L_2} P(x,t|x',0)\mathrm{d}x \tag{6.6}$$

注意 t 时刻粒子到达的位置 x 一定是在 L_1、L_2 之间的，且不包括 L_1、L_2。可以认为 $W'(x',t)$ 是没有达到边界的粒子分布概率，因此，T 时刻到达边界粒子的概率可以表示为

$$W(x',T) = 1 - W'(x',T) = 1 - \int_{L_1}^{L_2} P(x,T|x',0)\mathrm{d}x \tag{6.7}$$

方程两侧对 T 取微分，可以认为在 $(T, T+\Delta T)$ 内粒子到达边界的概率为

$$\dot{W}(x',T)\mathrm{d}T = -\int_{L_1}^{L_2} \dot{P}(x,T|x',0)\mathrm{d}x\mathrm{d}T \tag{6.8}$$

可见式（6.8）概率分布是 T 的函数，即到达时间 T 不同，流出的概率不同。所以可以基于式（6.8）计算首次穿越时间的各阶矩。

$$\begin{cases} T_n = \int_0^{+\infty} T^n \dot{W}(x',T) \mathrm{d}T = \int_{L_1}^{L_2} p_n(x,x') \mathrm{d}x \\ P_n(x,x') = -\int_0^{+\infty} T^n \dot{P}(x,T|x',0) \mathrm{d}T \end{cases} \quad (6.9)$$

根据式（6.9），认为当 T 取无穷大时，概率会全部流出，所以 $P(x,\infty|x',0)=0$，同时 $P(x,0|x',0)=\delta(x-x')$，可得

$$P_0(x,x') = -\int_0^{+\infty} \dot{P}(x,T|x',0) \mathrm{d}T = \delta(x-x') \quad (6.10)$$

根据分部积分法公式

$$\int_a^b u(x)v'(x)\mathrm{d}x = u(x)v(x)\Big|_a^b - \int_a^b u'(x)v(x)\mathrm{d}x \quad (6.11)$$

可得

$$\begin{aligned} P_n(x,x') &= T^n P(x,T|x',0)\Big|_0^{\infty} - \left[-\int_0^{+\infty} nT^{n-1}P(x,T|x',0)\mathrm{d}T \right] \\ &= \int_0^{+\infty} nT^{n-1}P(x,T|x',0)\mathrm{d}T \end{aligned} \quad (6.12)$$

将 FP 算子 L_{FP} 应用于式（6.12），可得

$$L_{\mathrm{FP}}P_n(x,x') = n\int_{L_1}^{L_2} T^{n-1} L_{\mathrm{FP}} P(x,t|x',0) \mathrm{d}T \quad (6.13)$$

根据 L_{FP} 定义

$$\frac{\partial P}{\partial t} = L_{\mathrm{FP}} P \text{ 且 } P(x,0|x',0) = \delta(x-x') \quad (6.14)$$

根据式（6.9），所以式（6.13）可继续推导为

$$\begin{aligned} L_{\mathrm{FP}}P_n(x,x') &= n\int_{L_1}^{L_2} T^{n-1} \dot{P}(x,t|x',0)\mathrm{d}T \\ &= -nP_{n-1}(x,x') \end{aligned} \quad (6.15)$$

递推可得

$$\begin{cases} L_{\mathrm{FP}}P_1(x,x') = -\delta(x-x') \\ L_{\mathrm{FP}}P_2(x,x') = -2P_1(x,x') \\ L_{\mathrm{FP}}P_3(x,x') = -3P_2(x,x') \\ \vdots \end{cases} \quad (6.16)$$

式（6.16）中的 $P_n(x,x')$ 均满足

$$P_n(L_1,x') = P_n(L_2,x') = 0 \quad (6.17)$$

针对双稳态系统，如图 6.1 所示，可以认为粒子初始状态在位置为

$x_{s1}=-\sqrt{a/b}$、$x_{s2}=+\sqrt{a/b}$ 的势阱中,粒子达到势垒 x_u,就认为粒子达到了边界,发生了跃迁,所以粒子从势阱 x_{s1} 到达位置 x_u 的时间是系统的首次穿越时间;反之从负势阱 x_{s2} 到达 x_u 的时间也是首次穿越时间,此时粒子的概率分别分布于 $(-\infty, x_u)$、$(x_u, +\infty)$ 中。

求取双稳态系统首次穿越时间,我们以达到位置 x_u 为例,则 x' 选择在稳定点 x_{s1} 上,平均首次穿越时间为

$$T(x_{s1}) = \int_{-\infty}^{x_u} P_1(x, x_{s1})\mathrm{d}x \tag{6.18}$$

式(6.18)两端取 L_{FP} 算子,则

$$\begin{aligned} L_{\mathrm{FP}}T(x_{s1}) &= \int_{-\infty}^{x_u} L_{\mathrm{FP}}P_1(x, x_{s1})\mathrm{d}x \\ &= \int_{-\infty}^{x_u} -\delta(x - x_{s1})\mathrm{d}x \\ &= -1 \end{aligned} \tag{6.19}$$

可以得到偏微分方程

$$-\frac{\partial}{\partial x}U'(x)T(x_{s1}) + D\frac{\partial^2}{\partial x^2}T(x_{s1}) = -1 \tag{6.20}$$

求解方程可以得到平均首次穿越时间

$$T(x_{s1}) = D^{-1}\int_{-\infty}^{x_u} \mathrm{e}^{-U(x)/D}\int_{x_{s1}}^{x_u}\mathrm{e}^{U(x)/D}\mathrm{d}x \tag{6.21}$$

已知 $x_{s1}=-\sqrt{a/b}, x_u=0$,则可以求出平均首次穿越时间与噪声强度 D 的关系。本节解决的主要是针对双稳态系统,在仅有噪声激励下,平均首次穿越时间的求取问题。我们知道在 DSFH 通信系统中,双稳态系统是在噪声和微弱中频信号共同激励下发生随机共振现象,所以首次穿越时间不仅仅要考虑噪声因素,还要考虑噪声类型问题,周期信号的影响问题等,所以,基于上文求取思路,我们需解决微弱信号和不同噪声共同作用下,平均首次穿越时间的求取问题。首先分析一般高斯白噪声条件下 MFPT 求解问题。

6.3 高斯白噪声与周期信号作用下的 MFPT

高斯白噪声和微弱信号共同激励下的双稳态非线性系统可以用 LE 表示为

$$\frac{\mathrm{d}x}{\mathrm{d}t} = ax - bx^3 + A_0\cos(\omega_0 t + \varphi) + \xi(t) \tag{6.22}$$

则对应的 FPE 为

$$\frac{\partial \rho(x,t)}{\partial t} = -\frac{\partial}{\partial x}[ax - bx^3 + A_0 \cos(\omega_0 t + \varphi)\rho(x,t)] + D\frac{\partial^2}{\partial x^2}\rho(x,t) \quad (6.23)$$

则

$$L_{FP} = -\frac{\partial}{\partial x}U'(x) + D\frac{\partial^2}{\partial x^2} \quad (6.24)$$

根据 6.1 节推导可知，首次穿越时间的一阶矩 MFPT 可以表示为

$$\frac{\partial T(x)}{\partial t} = L_{FP} T(x) \quad (6.25)$$

即

$$\frac{\partial T(x)}{\partial t} = -\frac{\partial}{\partial x}[U'T(x)] + D\frac{\partial^2}{\partial x^2}T(x) \quad (6.26)$$

根据式（6.19）可知

$$L_{FP}T(x) = -1 \quad (6.27)$$

所以可得

$$-\frac{\partial}{\partial x}[ax - bx^3 + A_0 \cos(\omega_0 t + \varphi)T(x)] + D\frac{\partial^2}{\partial x^2}T(x) = -1 \quad (6.28)$$

式（6.28）可以变形为

$$-\frac{\partial}{\partial x}[(ax - bx^3)T(x)] - A_0 \cos(\omega_0 t + \varphi)\frac{\partial}{\partial x}T(x) + D\frac{\partial^2}{\partial x^2}T(x) = -1 \quad (6.29)$$

式（6.29）可以作两个变换，根据采样原理，周期函数可以认为是在跃迁过程中 t 时刻发挥作用，所以可以认为时间 t 与首次穿越时间同步，即 $t = T(x)$，式（6.29）可以变换为

$$-\frac{\partial}{\partial x}[(ax - bx^3)T(x)] - A_0 \cos(\omega_0 T(x) + \varphi)\frac{\partial}{\partial x}T(x) + D\frac{\partial^2}{\partial x^2}T(x) = -1 \quad (6.30)$$

首次穿越时间相对于函数周期时间是非常短的，所以可以认为 $\omega_0 T(x)$ 是 0 域附近的非常小的量，可以针对 $A_0 \cos(\omega_0 T(x) + \varphi)$ 使用麦克劳林展开，即

$$A_0 \cos(\omega_0 T(x) + \varphi) = A_0[1 - \omega_0^2 T^2(x)] \quad (6.31)$$

所以式（6.30）可以变换为

$$-\frac{\partial}{\partial x}[(ax - bx^3)T(x)] - A_0[1 - \omega_0^2 T^2(x)]\frac{\partial}{\partial x}T(x) + D\frac{\partial^2}{\partial x^2}T(x) = -1 \quad (6.32)$$

令 $\begin{cases} y_1 = T(x) \\ y_2 = dy_1/dx \end{cases}$，整理可得

$$\begin{cases} y_2 = \mathrm{d}y_1/\mathrm{d}x \\ -(a-3bx^2)y_1 + [-ax+bx^3-A_0]y_2 + D\dfrac{\mathrm{d}y_2}{\mathrm{d}x} + \omega_0^2 y_1^2 y_2 = -1 \end{cases} \quad (6.33)$$

基于方程（6.33），应用龙格-库塔方法可以求出 $T(x)$。高斯条件下通过构建 MFPT 概率分布的微分方程实现了 MFPT 的求解，此方法可以作为 α 稳定分布噪声下解决问题的依据。高斯噪声作为 α 稳定分布噪声的特例，与 α 取值较大时噪声环境类似，所以高斯噪声条件下求取的 MPFT 一定程度上可以作为 α 稳定分布噪声条件下求取结果的参照。

6.4　α 稳定分布噪声条件下的 MFPT 求取

前文阐述了高斯白噪声条件下的 MFPT 的求取思路和过程，但是 α 稳定分布噪声下的首次穿越时间不能解析表达。尽管一些学者针对该问题进行过研究，但是从目前的来看，对应文献并不是很多，即使针对上文高斯白噪声条件，也缺少精确、封闭的解析形式，这也说明了这个问题的复杂性。基于这种情况，研究者引入了多种数值分析方法，其中蒙特卡罗方法是最为常用的方法，文献[166-168]采用了路径积分法求解相关问题，并且实现了高斯白噪声、泊松噪声等条件下的首次穿越时间求取。

本书研究了利用路径积的分法获取 MFPT 的过程。路径积分的思想是通过时间和空间上的离散化，通过短时转移概率密度的连接计算来代替全局转移概率密度，进而得到随机共振系统最终输出概率密度。相对于前文定时有限差分法，路径积分可以用来计算系统瞬态概率密度，在此基础上解决首次穿越时间等问题。在非线性随机系统 FPE 无法精确求解的情况下，路径积分法成为一种很好的解决方案。

6.4.1　路径积分法求取输出信号概率密度

本节我们主要解决 α 稳定分布噪声下首次穿越时间的求解问题，α 稳定分布噪声的特征函数、主要参数系在第 3 章我们已经进行了详细的阐述，在此不再重复。但是路径积分法需要用到稳定分布的如下性质。假设 X 服从 α 稳定分布，可以表示为 $X \sim S_\alpha(\beta,\gamma,\mu)$，如果 $a>0$ 且 b 为实数，那么随机变量 X 的线性组合 $Z = aX + b$ 仍然服从 α 稳定分布且满足

$$Z = aX + b \sim \begin{cases} S_\alpha(\beta, a\gamma, a\mu+b), & \alpha \neq 1 \\ S_\alpha(\beta, a\gamma, a\mu+b - \dfrac{2}{\pi}\gamma\beta a \log(a)), & \alpha = 1 \end{cases} \quad (6.34)$$

本节我们以对称 α 稳定分布作为噪声条件，假定随机变量 $L_\alpha(t)$ 的增量 $\mathrm{d}L_\alpha(t)$ 符合 $S(\alpha,0,1,0)$ 的 α 稳定分布，其特征函数可以表示为

$$\phi_{\mathrm{d}L_\alpha}(\theta) = \exp[-\mathrm{d}t|\theta|^\alpha] \tag{6.35}$$

α 稳定分布噪声 $\xi(t)$ 可以定义为

$$\xi(t) = \frac{\mathrm{d}L_\alpha(t)}{\mathrm{d}t} \tag{6.36}$$

在 α 稳定分布噪声条件下，双稳态非线性系统输出可以表示为

$$\frac{\mathrm{d}x}{\mathrm{d}t} = ax - bx^3 + A_0\cos(\omega_0 t + \varphi) + D\xi(t) \tag{6.37}$$

其中，D 为噪声强度，可以认为 $D = \gamma = \sigma^\alpha$，初始条件 $P_X(x,0|x',0) = \delta(x-x')$。假设系统具有马尔可夫性，所以满足 CK 方程

$$P_X(x,t+\tau) = \int_{-\infty}^{\infty} P_X(x,t+\tau|x',t)P_X(x',t)\mathrm{d}x' \tag{6.38}$$

方程（6.38）是路径积分方法的理论基础，其中，$P_X(x,t+\tau)$ 为需要求取的 $(t+\tau)$ 时刻系统输出为 x 的概率密度函数，$P_X(x',t)$ 为 t 时刻系统输出为 x' 的概率密度函数，$P_X(x,t+\tau|x',t)$ 为转移概率密度函数（TPD），或者称为条件概率密度函数。根据方程（6.38），如果初始概率 $P_X(x',t)$ 已知，只需要求得转移概率密度，即可求出系统最终输出信号的概率密度函数。

针对高斯白噪声、泊松噪声等条件，文献[168]已经给出了转移概率密度函数。本书主要是推导在 α 稳定分布白噪声和周期输入信号条件下，双稳态非线性系统的输出信号概率密度。我们定义初始位置在 x' 的粒子，其在 ρ 时刻的位置用随机变量 $X'(\rho)$ 表示，且 $0 \leqslant \rho \leqslant \tau$，则系统输出可以表示为

$$\begin{cases} \dot{X}'(\rho) = -U'(x',\rho) + D\xi(t+\rho) \\ X'(0) = x' \end{cases} \tag{6.39}$$

其中，x' 为既定的初始位置，转移概率密度函数的意义与随机过程 $X'(\rho)$ 在 $\rho = \tau$ 时分布相同，所以可得

$$P_X(x,t+\tau|x',t) = P_{X'}(x,\tau) \tag{6.40}$$

式（6.40）的有效性在文献[168,169]中也得到了证明。下面主要解决 $P_{X'}(x,\tau)$ 的求取问题，求取过程与其中随机增量的性质直接相关。在时间增量 τ 非常小的情况下，随机变量 $X'(\rho)$ 可以表示为

$$X'(\tau) = x' - U'(x',t)\tau + D\mathrm{d}L_\alpha(t) \tag{6.41}$$

可认为随机变量 $X'(\tau)$ 是 α 稳定分布的噪声 $\mathrm{d}L_\alpha(t)$ 的线性表达，且 $\mathrm{d}L_\alpha(t) \sim$

$S_\alpha(0, \tau^{1/\alpha}, 0)$,基于性质式(6.34)的表达式,可得

$$X'(\tau) \sim S_\alpha(0, D\tau^{1/\alpha}, x' - U'(x',t)\tau) \qquad (6.42)$$

可见当τ取值足够小时,随机过程$X'(\tau)$仍然服从α稳定分布,根据α稳定分布特征函数的表达形式,$X'(\tau)$的特征函数可以表示为

$$\phi_{X'}(\theta, \tau) = \exp\{i\theta(x' - U'(x',t)\tau) - D^\alpha \tau |\theta|^\alpha\} \qquad (6.43)$$

根据维纳-辛钦定理,概率密度函数可以用特征函数的傅里叶反变换表示,即

$$P_{X'}(x, \tau) = \frac{1}{2\pi} \int_{-\infty}^{\infty} \exp(-i\theta x) \phi_{X'}(\theta, \tau) d\theta \qquad (6.44)$$

式(6.44)仅仅在$\alpha = 1, \alpha = 2$两种特殊情况下才可以得到封闭表达式,如下所示

$$P_X(x, t+\tau | x', t) = \frac{1}{\pi} \frac{D\tau}{\{[x - (x' - U'(x',t)\tau)]^2 + (D\tau)^2\}}, \alpha = 1 \qquad (6.45)$$

$$P_X(x, t+\tau | x', t) = \frac{1}{\sqrt{4\pi D^2 \tau}} \exp\left\{-\frac{[x - (x' - U'(x',t)\tau)]^2}{4D^2\tau}\right\}, \alpha = 2 \qquad (6.46)$$

上述两种情况分别对应柯西噪声和高斯白噪声激励条件下的系统响应,可以看到这两种特殊情况下的结果与文献[166]得到的结果在形式上是相同的,一定程度上验证了我们前面推理过程的正确性。针对其他α取值的情况,因为不能够得到封闭表达式,所以一般采用数值方法进行解析。首先对求取的时间区间进行分割,例如时间区间为$[0, t_{\max}]$,我们可将其划分为足够小的等份,令每一份$\tau = \Delta t$。根据CK方程和式(6.44)可得

$$\begin{aligned}P_X(x, t_k + \Delta t) &= \int_{-\infty}^{\infty} P_X(x, t_k + \Delta t | x', t_k) P_X(x', t_k) dx' \\ &= \frac{1}{2\pi} \int_{-\infty}^{\infty} \int_{-\infty}^{\infty} \exp(-i\theta x) \exp\{i\theta(x' - U'(x',t)\tau) - D^\alpha \tau |\theta|^\alpha\} \\ &\quad \cdot P_X(x', t_k) d\theta dx'\end{aligned} \qquad (6.47)$$

其中,t_k为时间常量,可取值为$k = 0, 1, \cdots, t_{\max} / \Delta t$。

根据式(6.47),我们可以从$t_0 = 0$开始计算,因为已知初始概率$P(x, 0 | x', 0) = \delta(x - x')$,所以可以计算出$t_1 = 0 + \Delta t$时刻的概率密度,依次类推,可以一直求出$t_{\max}$时刻的概率密度函数。依托路径积分方法,可以获得系统输出信号概率密度动态变化的全部过程,如图6.2所示,系统输出由单峰向双峰演化的过程均能够详细记录。该方法为对其动态特性进行分析提供了手段。

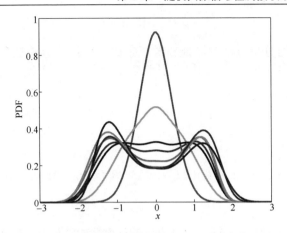

图 6.2 SR 系统输出概率密度动态演化过程（见彩图）

6.4.2 平均首次穿越时间求取

运动的粒子或者是系统输出在 $[0,T]$ 时间区间，首次穿越了既定的边界，我们称 T 为首次穿越时间，因为随机信号可以看作是大量随机粒子的分布，所以多个粒子的平均首次穿越时间 MFPT 作为研究对象更有意义。基于前文的思路，我们可以用路径积分法来解决平均首次穿越时间问题。

我们假定 (L_1,L_2) 为既定的边界，把时间区间 $[0,T]$ 进行离散化处理，时间步长 Δt 足够小以保证式（6.40）成立，同时保证在时间区间内 $[t_k,t_k+\Delta t]$ 系统输出是单调的，也就是说一旦粒子穿越出既定的边界，就不再返回，所以我们也称设定的边界为吸收边界。在这里我们定义一个概率函数，称为存活概率，定义为边界内粒子在 $[t_k,t_k+\Delta t]$ 时间区间内从初始位置跳转到 x 处的概率，积分表示，初始位置在 $[L_1,L_2]$ 内的所有粒子跳转到 x 处概率的总和可以表示为

$$q_{L1,L2}(x,t_k+\Delta t)=U(x-L_1)U(L_2-x)\int_{L_1}^{L_2}P_X(x,t_k+\Delta t\,|\,x',t_k)q_{L1,L2}(x',t_k)\mathrm{d}x' \tag{6.48}$$

其中，$U(\cdot)$ 为单位阶跃函数，且初始条件满足 $q_{L_1,L_2}(x',t_0)=P_X(x,t_0)$。

令时间区间变为 $[0,T]$，则得到 $q_{L_1,L_2}(x,T)$，表示时间 T 内边界内所有粒子到达位置 x 处的概率，定义函数为 $W'(T)$

$$W'(T)=\int_{L_1}^{L_2}q_{L_1,L_2}(x,T)\mathrm{d}x \tag{6.49}$$

其意义与式（6.7）的定义相同，即表示粒子在 $[0,T]$ 时间内没有到达边界的概率，在此我们仍然用 W' 表示，则在时间 T 内达到边界的粒子概率可表示为

$$W(T) = 1 - W'(T) \tag{6.50}$$

可见，此处分析方法与高斯白噪声条件下分析的方法是相同的，可以用 $q_{L_1,L_2}(x,T)$ 表示穿越时间 T 的概率密度函数。针对平均首次穿越时间的概率分布问题，具体计算方式如下。对既定的边界区间 $[L_1,L_2]$ 进行离散化处理，令 $x_j = L_1 + j\Delta x, j = 0,1,\cdots,n$，同时 $\Delta x = (L_2 - L_1)/n$，那么方程（6.48）离散化可以写作如下形式

$$q_{L_1,L_2}(x_j, t_k + \Delta t) = U(x_j - L_1)U(L_2 - x_j)\sum_{r=0}^{n} P_X(x_j, t_k + \Delta t \mid x'_r, t_k) q_{L_1,L_2}(x'_r, t_k)\Delta x \tag{6.51}$$

如果假定 x 与 x' 在区间 $[L_1,L_2]$ 内离散化方式完全相同，可以认为

$$\boldsymbol{q}(t_k + \Delta t) = \{q_{L_1,L_2}(x_1, t_k + \Delta t), q_{L_1,L_2}(x_2, t_k + \Delta t), \cdots, q_{L_1,L_2}(x_n, t_k + \Delta t)\}^{\mathrm{T}} \tag{6.52}$$

$$\boldsymbol{q}(t_k) = \{q_{L_1,L_2}(x'_1, t_k), q_{L_1,L_2}(x'_2, t_k), \cdots, q_{L_1,L_2}(x'_n, t_k)\}^{\mathrm{T}} \tag{6.53}$$

构建矩阵 $\boldsymbol{T}(t_k + \Delta t, t_k)$，其中

$$T_{j,r} = U(x_j - L_1)U(L_2 - x_j)P_X(x_j, t_k + \Delta t \mid x'_r, t_k)\Delta x \tag{6.54}$$

式（6.48）可以写作

$$\boldsymbol{q}(t_k + \Delta t) = \boldsymbol{T}(t_k + \Delta t, t_k)\boldsymbol{q}(t_k) \tag{6.55}$$

如果激励过程是稳定的，可以认为 $\boldsymbol{T}(t_k + \Delta t, t_k)$ 仅仅与 Δt 相关，那么可以认为乘数矩阵和离散的时间位置无关，可以一次求取多次使用，方程（6.55）可以写为

$$\boldsymbol{q}(t_k + \Delta t) = \boldsymbol{T}(\Delta t)\boldsymbol{q}(t_k) \tag{6.56}$$

通过上述方法，我们获取了任意时刻首次穿越时间的概率密度函数，即可以得到系统 MFPT，以该方法求取的 MFPT 理论值可以与仿真结果相互验证。

6.5 MFPT 对系统通信速率影响分析

通过前面分析可知，MFPT 表征了粒子从一个势阱跃迁到另一个势阱，并且在目的势阱内保持局部平衡的时间，对应信号层面的解释，即信号跳变后并在高或者低电平保持稳定的时间。图 6.3 表示的是经过 SR 后系统时域输出情况，我们用方波描述了信号变化的过程，实际上我们进行信号的判决主要应该在其中的稳态进行，而非跃迁状态，这样才能得到稳定可靠的结果。MFPT 对系统性能的影响主要体现在两个方面：

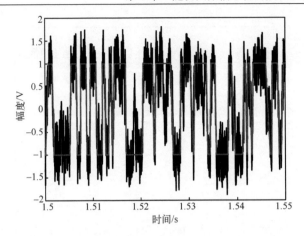

图 6.3　SR 系统输出时域状态转换图（见彩图）

第一，直观来看影响通信速率的应该是 DSFH 中频信号的频率 f_0，f_0 越高，检验统计量构建采样也越快，共振响应也就越快，达到的通信速率越高。从理论上，只要提高 f_0，即可达到提高通信速度的目的。但是，通过对非线性系统响应分析发现，系统 MFPT 并不能无限提高，输入信号信噪比、DSFH 中频信号频率等均会对 MFPT 产生影响。在信噪比较差的条件下，MFPT 会变大，所以 f_0 是不能无限制提高的。

第二，前文可知，我们采用波峰、波谷采样的方式构建检验统计量，假设我们确定为波峰判决，那么判决时刻，需要信号应该已经完成跳变，且保持稳定，即要保证 MFPT 小于四分之一信号周期。

在第 5 章构建的 Simulink 仿真模型的基础上，可进行 MFPT 统计仿真，根据双稳态系统模型，系统参数决定了两个势阱的位置为 $x=\pm\sqrt{a/b}$，信号从负势阱到正势阱，或者从正势阱到负势阱均认为发生了穿越。针对 SR 输出信号，首先筛选出超越 $x=\pm\sqrt{a/b}$ 边界的采样点，然后逐个次统计发生正负跃迁的用时并取平均，得出 MFPT 的仿真值。基于前文高斯白噪声条件下 MFPT 的求取方法以及路径积分法，可以得到 MFPT 的理论值，从而实现理论值和仿真值的相互验证。下面主要针对性分析 $\alpha=1.7$ 时 α 稳定分布噪声环境下的 MFPT。

（1）不同信噪比条件下 MFPT 分析。

令 SR 系统参数 $a=10000, b=4.2\times10^{12}$，噪声特征参数 $\alpha=1.7$，首先我们固定噪声强度 $D=1$，DSFH 中频信号频率为 1kHz，通过改变信号幅度 A 调整输入 SNR，令输入信噪比在 $-8\text{dB}\sim-20\text{dB}$ 之间变化，可以得到 MFPT 随 SNR 变化情况如图 6.4 所示。

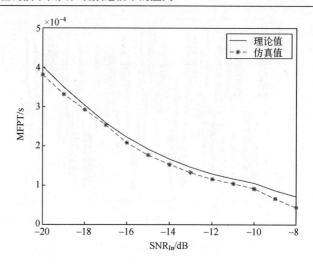

图 6.4　固定噪声条件 $\alpha=1.9$ 情况下 MFPT 与输入信噪比关系（见彩图）

由图 6.4 可见，整体 MFPT 在 10^{-4} 数量级变化，并且随着信噪比的提升，MFPT 呈下降趋势，说明信噪比增大促进了粒子势阱间跃迁，有利于信号跳变，即有利于发生随机共振。理论值与仿真值基本相等在一定程度上验证了仿真结果。理论值相对于仿真值偏小，主要原因是仿真值的统计方法基于"凡是达到标准的跳变即统计的方式"，会将不属于跃迁的跳变也统计到 MFPT 中，造成取值偏小。

固定输入信号幅度 $A=0.2$，通过调整噪声强度改变信噪比，可得 SNR 与 MFPT 关系如图 6.5 所示。

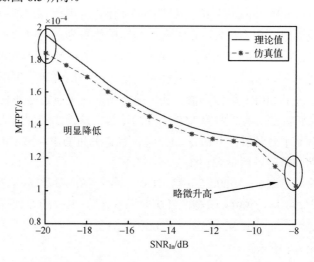

图 6.5　固定噪声条件 $\alpha=1.5$ 情况下 MFPT 与输入信噪比关系（见彩图）

可见其变化规律与固定噪声条件的情况是相同的,随着信噪比的提升,MFPT 呈下降趋势。整体 MFPT 相对变小,主要是因为低信噪比条件下,噪声强度相对于信号强度来说,对随机共振发生起到的作用更大。由图 6.5 可见,在低信噪比一端,MFPT 下降比较明显,降至 2×10^{-4} 以下,但是在高信噪比端,MFPT 相对图 6.4 反而升高,体现出噪声与信号在随机共振中起到的内在作用是不同的。

(2) MFPT 与 DSFH 中频信号 f_0 的频率相关性分析。

固定输入信号幅值,其他条件不变,分别令输入信噪比为 −8dB、−12dB、−16dB 的条件下,令 f_0 逐渐增大,理论求取和仿真得到的 MFPT 如图 6.6 所示。

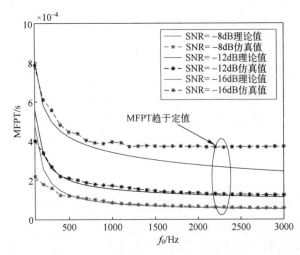

图 6.6 MFPT 与 DSFH 中频信号频率相关性分析(见彩图)

可见,当 SNR 一定时,MFPT 会随着 DSFH 中频信号频率的增加而减小。但如前文分析所说,由于随机共振现象的产生需要响应时间,当达到响应极限时,即使信号频率不断提高,其 MFPT 也不能再随之减少。

(3) MFPT 占比 DSFH 中频信号周期的情况分析。

为了保证波峰判决的时刻信号已经发生跳变,且处于稳定状态,要求 MFPT 小于 1/4 信号周期。应用前面方法可以求出不同输入信噪比、f_0 条件下 MFPT 的值,所以通过分析即可以得到 MFPT 占比 DSFH 中频信号周期时长的比率,结果如图 6.7 所示。

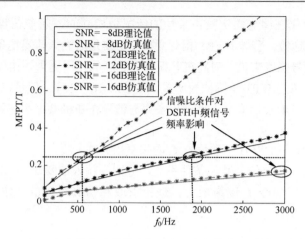

图 6.7 MFPT 占比信号周期情况与 DSFH 中频信号 f_0 关系（见彩图）

可见，当输入信噪比为 −8dB 时，信号频率达到 3kHz 时 MFPT 仍然满足 1/4 信号周期占比的需求，可适用的 DSFH 中频信号频率可以达到 3kHz，理论传输速率可达 3 kb/s；当输入信噪比为 −12dB 时，DSFH 中频信号频率会被限制在 1.9 kHz；当输入信噪比低至 −16dB 时，可以适应的 DSFH 中频信号只能达到 600 Hz 左右。通过此分析，我们量化得到了不同输入信噪比条件下 DSFH 中频适用频率，在信噪比条件良好时，可以选择较高频率，提高通信速率。

（4）系统可达通信速率。

除 DSFH 中频信号的频率 f_0 对通信速率可产生直接影响，我们在接收结构中引入的多点判决机制同样对通信速率有直接影响，判决点数 N 的增大，一个码元的判决时间会呈 N 倍增长，如图 6.8 所示。当 f_0 一定时，会造成通信速率反比降低，即存在 f_0 / N 的对应关系。

取 $N = 50$ 时，忽略信道误码率要素，在不同信噪比条件下，基于 MFPT、MFPT 占比、DSFH 中频频率等条件可得 DSFH 通信系统能够达到的通信速率，可达通信速率与输入信噪比的关系如图 6.8 所示。

由图 6.9 可见系统可达通信速率在 10～100b/s 之间，在输入信噪比为 −8dB、−12dB、−16dB 条件下，可达通信速率大约为 70b/s、40b/s 和 20b/s。此结果是在 DSFH 中频信号根据信噪比条件自适应调整的情况下得到的结果，假设我们仿真时固定 DSFH 中频信号频率为 1kHz，实际不能产生这样的对应关系，其通信速率保持在 20b/s 左右，主要由 DSFH 中频信号频率决定。当信噪比降低到 −14dB 左右时，通信速率将会受到适用频率的制约，通信速率会跟随适用频率下降。总体来看，基于随机共振方法构建的 DSFH 通信系统，可达通信速率还比较低,仅仅能满足应急条件下低速通信的要求。下一步可继续研究优化随机共振性能,通过减少判决次数,缩短判决时间,提高通信速率。

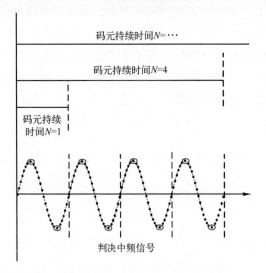

图 6.8 多点判决机制下判决点数 N 与传输码元关系

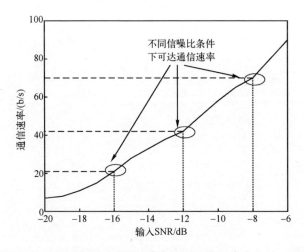

图 6.9 DSFH 系统可达通信速率与输入信噪比关系($N=50$)

6.6 本章小结

当前随机共振主要用于离线、非实时条件下的信号处理,而在通信系统中应用则对其实时响应性能提出要求，基于表征随机共振动态响应能力的平均首次穿越时间这一关键指标，综合考虑"波峰-波谷"判决方式下微弱信号周期与 MFPT 的关系、多点判决对系统影响等要素，完成了系统动态性能研究和量化度量。研究了 MFPT 的一般求解方法以及 α 稳定分布噪声条件下 MFPT 求解的难点问题，基于路径积分法量化得出了不同输入信噪比条件下的 MFPT，通过分析采样判决时间对 MFPT 的限制要求，量化得出了系统可适用的 DSFH 中频信号频率范围以及可达通信速率。

第 7 章 总结与展望

7.1 研究成果与创新

本书研究成果主要体现在战场脉冲型噪声模型构建研究、通信背景下的随机共振检测方法研究、DSFH 通信系统构建与性能度量研究、随机共振系统动态特性研究等方面，主要内容如下。

（1）完成了战场脉冲型噪声模型构建方法研究。本书针对传统随机共振研究多面向高斯白噪声条件，与工程实际对应性不强的现状，基于战场电磁环境中脉冲型噪声已占据主要成分这一特征，选择 α 稳定分布作为噪声模型，研究了 α 稳定分布噪声生成方法、分数阶矩参数估计方法，结合两种方法研究了参数估计精度验证方法等；完成了既定工作场景下电磁环境数据的采集，基于实采数据进行了 α 稳定分布模型参数估计，得出了针对战场电磁环境噪声的 α 稳定分布模型特征参数 α、偏斜参数 β 的取值特点和取值范围，相关量化结果作为下一步随机共振性能和系统通信性能研究中噪声条件选取的依据，对提升研究结论的针对性具有重要意义。

其创新性主要体现在两个方面：一是将随机共振应用于通信信号检测，依托真实电磁噪声数据进行参数估计，实现对噪声参数范围的初步限定，在限定的噪声条件下构建随机共振检测系统，优化结构，度量性能。这样的闭合、有针对性的研究，得到的结果更加科学，在随机共振的通信信号检测领域还属空白；二是基于实采噪声数据，对 α 稳定分布模型进行参数估计，形成的特征参数 α 取值范围小于 2 但接近 2，参数 β 取值多在 0 值附近，噪声略有正偏斜等相关结论实现了对战场脉冲型噪声的概略描述。

（2）完成了随机共振模型构建、结构优化与性能度量等方法研究。针对 DSFH 通信系统的随机共振接收环节，研究了经典双稳态系统、对称三稳态和非对称三稳态系统下 α 稳定分布噪声和低频周期信号的随机共振问题，采用了理论分析和数值仿真相结合的方式，构建了系统的分数阶福克-普朗克方程和郎之万方程，研究改进了匹配 α 稳定分布噪声的概率密度求解方法和系统数值仿真方法，以平均信噪比增益为度量指标，在不同噪声条件下对系统参数进行了优化选择,对随机共振输出信号进行了研究分析,得出了噪声脉冲性、偏斜特性对共振性能的影响规律;从应用角度,在系统信噪比增益、噪声变化敏感性、可控性以及对输入信噪比条件变化的适应性等方面对系统进行了评价。

其创新性主要体现在:一是引入数字信号处理采样判决的思想,提出了一种基于判决时刻的定时有限差分分数阶微分方程求解方法,解决了时变分数阶福克-普朗克方程的求解问题,求得了 SR 输出信号概率密度分布;二是拓展应用背景,将对称三稳态和非对称三稳态系统引入随机共振信号检测,并对三种非线性系统性能进行了量化研究与横向对比;三是首次面向应用,提出了噪声变化敏感度、可控性等评价指标,尤其以系统高增益区间为标准,对系统输入信噪比变化适应性等问题进行了研究,得出了双稳态系统高信噪比增益发生在较大噪声强度区域,高增益区间更宽,可控性、输入信号适应性更好的结论。

(3) 完成了 DSFH 通信信号接收系统结构的设计与实现、结构优化、性能度量方法的研究。将 DSFH 与随机共振理论结合,针对 DSFH 超外差接收信号特点和随机共振对处理信号的限制性要求,引入尺度变化的思想,建立了适合 DSFH 中频信号频率范围的随机共振通信信号检测系统,并以信噪比为度量指标对系统结构参数进行了优化选择;求取了有无 DSFH 中频信号两种情况下输出信号概率密度,采用似然比方法构建检验统计量,实现了输出判决。基于概率密度差异,计算检测概率和虚警概率,求取接收机工作曲线(Receiver Operator Charateristic, ROC)和误码率,量化得出了 α 稳定分布噪声特征参数取值分别为 $\alpha=1.5$、$\alpha=1.7$、$\alpha=1.9$ 的情况下,系统适用的信噪比条件最低可达 -22dB、-21dB、-19.5dB 的结论。

针对误码率水平距实际应用存在差距的问题,设计了基于广义能量多项式的信号接收结构,并引入多点判决机制,以偏移系数最大化为准则对接收结构参数进行了优化,构建新的检验统计量。基于误码率指标,对不同噪声条件下、不同输入信噪比条件下、不同判决点数下系统的检测接收性能进行分析度量,量化得到了接收结构对系统误码率的影响情况,得出了判决点数 $N=10$、$N=20$、$N=50$ 的情况下,达到可实际应用误码率水平 $P_e<10^{-4}$,系统适用的输入信噪比条件大约为 -6dB、-7dB、-9.5dB 的结论,相对传统跳频通信得到很大提升。瞄准进一步放大"波峰-波谷"判决条件下的概率密度差异,提出了基于符号函数的接收结构,进一步提升了检测接收性能。

其创新性主要体现在:一是噪声模型基于战场脉冲型噪声选取参数,研究结果针对性更强;二是提出的广义能量多项式接收结构、符号函数接收结构均属随机共振信号检测接收方面的新拓展,将系统误码率降低至 10^{-4} 以下可用水平，接收性能得到明显提升；三是突破了一般定性分析的局限，在战场脉冲噪声条件下，得到了系统适用信噪比条件和可达误码率水平等量化结论，面向应用对 DSFH 通信系统的应用条件和性能进行了量化度量。

（4）得到了系统可达通信速率的量化结果。当前随机共振主要用于解决离线信号处理问题，对实时性要求不高，本书将其应用于通信领域，必须分析其动态响应性能。本书针对表征随机共振动态响应性能的关键指标——平均首次穿越时间，研究了 MFPT 的一般求解方法以及 α 稳定分布噪声条件下 MFPT 求解等难点问题，量化得出了系统 MFPT 的数值分布；综合分析了"波峰-波谷"判决方式下 DSFH 中频信号周期与 MFPT 的关系，输入信噪比、DSFH 中频信号频率对 MFPT 的影响以及多点判决机制对系统通信速率的影响等问题，量化得出了不同信噪比条件下系统可适用的 DSFH 中频信号频率范围，以及可达通信速率等结果。

其创新性主要体现在：一是利用改进路径积分法解决了 α 稳定分布噪声条件下概率密度和 MFPT 求解问题，基于此方法可得到 SR 输出信号动态演化的过程和 MFPT 概率分布，为进一步分析系统动态特性提供了理论支撑；二是在脉冲噪声条件下，得到了输入信噪比为 −8dB、−12dB、−16dB 条件下，适用 DSFH 中频信号的频率分别为 3.6kHz、1.9kHz 和 600Hz，可达通信速率分别为 70bit/s、40bit/s 和 20bit/s 等量化结论，为 DSFH 通信信号随机共振检测接收方法的转化与应用提供了理论支撑。

总之，α 稳定分布由于其不可解析表达的特性，在 α 稳定分布噪声下进行的随机共振研究比较少，引入到通信领域，特别是在 α 稳定分布模型针对性匹配战场脉冲噪声的条件下，本书将随机共振理论与 DSFH 通信体制相结合，进行了理论研究，量化分析，并得到相关结论。

7.2 下一步需要深化研究的问题

在 DSFH 通信体制下，本书针对 α 稳定分布噪声下的随机共振通信信号检测问题开展了深入研究，取得了一定成果，但是由于学习时间、研究能力、团队力量、实验条件等限制，特别是可参考借鉴的成果相对比较少，研究还不够充分、深入，还有一些问题需要进一步探索和完善，主要包括以下几点。

（1）战场脉冲型电磁环境的描述方面还需进一步拓展场景和深化研究。基于战场环境噪声数据的 α 稳定分布模型参数估计方面，由于涉及辐射源类型与位置、工作模式、信道特性、地理环境特性、天候条件等诸多要素，工作场景千差万别，尤其是数据采集条件等方面的限制，据有限采样集得到的参数估计结论还存在片面性，下一步需要归类梳理，拓展采集场景，并参考相关物理模型的研究结论，得出更为科学、全面的描述。

（2）相关量化研究结论还需进一步验证、完善。本研究主要基于理论推导和数值仿真、Simulink 仿真等手段实施，相关结论基本都是在理想条件下获得，且得到的结论还不够全面准确，特别是一些边界条件下的结果还需深入研究。

（3）系统通信同步问题需针对性解决。DSFH 通信体制下的跳频同步、本书采用的"波峰-波谷"判决机制等均需在建立同步的条件下实现，所以系统同步问题是 DSFH 通信系统实现的一个关键问题，需要针对随机共振信号检测的特殊需求，展开研究设计。

（4）系统通信速率提升问题需针对性研究。根据当前研究结论，系统通信速率还处于比较低的水平，制约因素主要在于 DSFH 中频信号频率提高受限，通过路径积分法获取 SR 系统输出概率密度，分析可见，在尽量少的信号周期内发生随机共振，并达到稳定输出是可能的，这对提高系统动态性能具有重要意义，下一步可针对性进行深化研究验证。

参 考 文 献

[1] 梅文华. 跳频通信[M]. 北京：国防工业出版社, 2005.

[2] 高锐锋, 吉晓东, 包志华, 等. 多中继去噪重传物理层网络编码自适应分集策略[J]. 通信学报, 2017, 38（02）:81-93.

[3] 王青波, 窦高奇, 高俊. 预编码增益优化的预编码叠加训练设计[J]. 西安电子科技大学学报, 2018, 45（06）:105-111.

[4] 赵武生. 比特交织编码调制短波跳频通信系统关键技术研究[D]. 哈尔滨：哈尔滨工程大学信号与信息处理学科博士学位论文, 2010:3-8.

[5] 廖见盛, 唐向宏, 任玉升. 跳频通信抗跟踪干扰的一种方法[J]. 杭州电子科技大学学报（自然科学版）,2004,24（3）:13-17.

[6] Ma S, Nguyen L, Jang W M, et al. Multiple-input multiple-output self-encoded spread spectrum system with iterative detection[C]//International Conference on Communications. Cape Town:IEEE, 2010:1-5.

[7] Fitzek F H P. The medium is the message[C]//IEEE International Conference on Communication. Istanbul:IEEE, 2006:5016-5021.

[8] Zhou X, Kyritsi P, Eggers P C F, et al. "The medium is the message": secure communication via waveform coding in MIMO systems[C]//IEEE Vehicular Technology Conference. Dublin: IEEE, 2007: 491-495.

[9] 赵寰. 短波/超短波跳频通信系统抗跟踪干扰关键技术研究[D]. 军械工程学院控制科学与工程学科博士学位论文, 2014 : 13-19.

[10] Quan H D, Zhao H, Cui P Z. Anti-jamming frequency hopping system using multiple hopping patterns [J]. Wireless Personal Communications, 2015, 81（3）: 1159-1176.

[11] 赵寰, 全厚德, 崔佩璋. 抗跟踪干扰的多序列跳频无线通信系统[J]. 系统工程与电子技术, 2015, 37（3）: 671-678.

[12] 唐志强. 基于伪随机频谱样式的双信道跳频通信技术研究[D]. 陆军工程大学信息与通信工程学科硕士学位论文, 2019:16-26.

[13] 全厚德, 唐志强, 孙慧贤. 基于伪随机线性调频的双序列跳频通信方法[J]. 华中科技大学学报（自然科学版）, 2019, 47（11）: 30-36.

[14] 王耀北. 基于伪随机特征码的双信道跳频通信抗干扰技术研究[D]. 陆军工程大学信息与通信工程学科硕士学位论文, 2019:15-30.

[15] 王耀北, 全厚德, 孙慧贤, 等. 结合伪随机特征码的多序列跳频通信方法[J]. 系统工程

与电子技术, 2020,42（3）:711-718.

[16] Wang Y B, Quan H D, Sun H X, et al. Anti-follower jamming wide gap multi-pattern frequency hopping communication method[J]. Defence Technology, 2020,16（2）:453-459.

[17] 刘广凯. 极低信噪比下对偶序列跳频信号的随机共振检测接收方法研究[D]. 陆军工程大学控制科学与工程学科博士学位论文, 2020.

[18] 刘广凯, 全厚德, 孙慧贤, 等. 极低信噪比下对偶序列跳频信号的随机共振检测方法[J]. 电子与信息学报, 2019, 41（10）:2342-2349.

[19] 刘广凯, 全厚德, 康艳梅, 等. 一种随机共振增强正弦信号的二次多项式接收方法[J]. 物理学报, 2019, 68（21）: 210501.

[20] Benzi R, Sutera A, Vulpiani A. The mechanism of stochastic resonance[J]. Journal of Physics: A-Mathematical and General, 1981, 14（11）:453-457.

[21] Fauve S , Heslot F . Stochastic resonance in a bistable system[J]. Physics Letters A, 1983, 97（1-2）:5-7.

[22] Mcnamara B , Wiesenfeld K , Roy R . Observation of stochastic resonance in a ring laser[J]. Physical Review Letters, 1988, 60（25）:2626-2629.

[23] Mcnamara B , Wiesenfeld K . Theory of stochastic resonance[J]. Physical Review A,1988.

[24] Dykman M I . Large fluctuations and fluctuational transitions in systems driven by colored Gaussian noise: A high-frequency noise[J]. Physical Review A, 1990, 42（4）:2020-2029.

[25] Stocks N G. Suprathreshold stochastic resonance in multilevel threshold systems[J]. Physical Review Letters, 2000, 84（11）:2310-2313.

[26] Vilar J M G, Rubí, J. M. Divergent signal-to-noise ratio and stochastic resonance in monostable systems[J]. Physical Review Letters, 1996, 77（14）:2863-2866.

[27] Li J, Wang X D, Li Z X, et al. Stochastic resonance in cascaded monostable systems with double feedback and its application in rolling bearing fault feature extraction[J]. Nonlinear Dynamics2021. PP 1-18.

[28] 季袁冬, 张路, 罗懋康. 幂函数型单势阱随机振动系统的广义随机共振[J]. 物理学报. 2014,63（16）:164302.

[29] 张刚, 谭春林, 贺利芳. 二维非对称双稳随机共振系统及其在故障诊断中的应用[J].仪器仪表学报. 2021,42（01）.

[30] 张刚, 高俊鹏. 组合型幂指函数三稳态随机共振微弱信号检测[J]. 计算机应用. 2018,38（09）:2747-2752.

[31] 张刚, 谢攀, 张天骐. α稳定分布噪声下非对称三稳系统的随机共振特性分析[J]. 振动与冲击. 2021,40（03）:109-115.

[32] Han D Y, Shi P. Study on the mean first-passage time and stochastic resonance of a

multi-stable system with colored correlated noises[J]. Chinese Journal of PhysicsVolume 69, 2021. PP 98-107.

[33] 俞莹丹, 林敏, 黄咏梅, 等. 四稳系统的双重随机共振特性[J]. 物理学报. 2021,70（04）:040501.

[34] 李伟, 陈剑, 陶善勇. 自适应耦合周期势系统随机共振信号增强方法[J]. 吉林大学学报（工学版）.2020.

[35] Zhang C, Duan H, Xue Y, et al. The Enhancement of weak bearing fault signatures by stochastic resonance with a novel potential function[J]. Nutrients, 2020,13（23）:6348-6356.

[36] Zeng L Z, et al. Effects of Levy noise in aperiodic stochastic resonance[J]. Journal of Physics a-Mathematical and Theoretical,2007,40:7175-7185.

[37] 杨祥龙, 汪乐宇. 随机共振技术在弱信号检测中的应用[J]. 电路与系统学报, 2001, 6（2）: 94-97.

[38] 田万平, 向亚丽, 颜冰, 等. 基于粒子群优化算法的BPSK信号随机共振研究[J]. 海军工程大学学报,2021,33（02）.

[39] Paola M D, Failla G. Stochastic response of linear and non-linear system to alpha-stable Levy white noises[J]. Probabilist.eng.mech. 2005,20（2）: 128-135.

[40] Dybiec B, et al. Stochastic resonance:The role of alpha-stable noise[J]. Acta.phys.pol.b.2006, 37: 1479-1490.

[41] Wang Z Q, Xu Y, Yang H. Lévy noise induced stochastic resonance in an FHN model[J]. Science China, 2016, 59（3）:371-375.

[42] Dong Q, Guo Y, Lou X, et al. Levy noise-induced transition and stochastic resonance in Brusselator system[J]. India J. Phys. 2021.

[43] 靳艳飞, 王贺强. 加性和乘性三值噪声激励下周期势系统的动力学分析[J]. 力学学报,2021,53（03）:865-873.

[44] Mitaim S, Kosko B. Adaptive stochastic resonance[J]. Proceedings of the IEEE, 1998, 86（11）:2152-2183.

[45] Qin Y, Tao Y, He Y, et al. Adaptive bistable stochastic resonance and its application in mechanical fault feature extraction[J]. Journal of Sound & Vibration, 2014, 333（26）: 7386-7400.

[46] Krauss P, Metzner C, Schilling A. Adaptive stochastic resonance for unknown and variable input signals[J]. Scientific Reports, 2017, 7（1）:2450.

[47] 段法兵. 参数调节随机共振在数字信号传输中的应用[D]. 浙江大学固体力学学科博士学位论文, 2002.

[48] 杨祥龙. 随机共振理论在弱信号检测中的应用研究[D]. 浙江大学固体力学学科博士学

位论文, 2002.

[49] Li J M, Chen X F, He Z J. Adaptive stochastic resonance method for impact signal detection based on sliding window[J]. Mechanical Systems & Signal Processing, 2013, 36（2）:240-255.

[50] Liu X L, Yang J H, Liu H G, et al. Optimizing the adaptive stochastic resonance and its application in fault diagnosis[J]. Fluctuation & Noise Letters, 2015, 14（4）:1550038.

[51] 崔伟成, 李伟, 孟凡磊, 等. 基于果蝇优化算法的自适应随机共振轴承故障信号检测方法[J]. 振动与冲击, 2016,35（10）:96-100.

[52] 张仲海, 王多, 王太勇, 等. 采用粒子群算法的自适应变步长随机共振研究[J]. 振动与冲击, 2013,32（19）:125-152.

[53] 孔德阳, 彭华, 马金全. 基于人工鱼群算法的自适应随机共振方法研究[J]. 电子学报, 2017, 45（8）: 1865-1872.

[54] Chi K, Kang J S, Zhang X H. Bearing fault diagnosis based on stochastic resonance with cuckoo search[J]. International Journal of Performality Engineering, 2018, 14（3）: 413-424.

[55] 冷永刚, 王太勇. 二次采样用于随机共振从强噪声中提取弱信号的数值研究[J]. 物理学报, 2003, 52（10）: 2432-2437.

[56] 冷永刚. 大信号变尺度随机共振的机理分析及其工程应用研究[D]. 天津大学机械工程学科博士学位论文, 2004.

[57] 杨定新. 微弱特征信号检测的随机共振方法与应用研究[D]. 国防科学技术大学机械工程学科博士学位论文, 2004.

[58] 林敏, 黄咏梅. 调制与解调用于随机共振的微弱周期信号检测[J]. 物理学报, 2006（07）:85-90.

[59] 郑文秀, 吕航. 基于自适应随机共振的高频微弱信号检测[J]. 西安邮电大学学报, 2019, 24（2）:57-62.

[60] 李志华. 功率谱估计在微弱信号检测中的应用[J].大连海事大学学报,1998,24（1）:102-104.

[61] Li Z R, Wu X B, Guo B F, et al. Design of electronic faulat diagnosis system based on current characteristic[C]//International Conference on Electronics Technology, 2018:60-66.

[62] 刘建科, 张海宁, 马毅. 红外测温中检测强噪声下微弱信号的新途径[J].物理学报,2000,49（1）:106-109.

[63] 刘喜贵, 扬万海, 谢仕聘. 光纤电流传感器微弱信号检测技术[J].半导体光电,1998,19（2）:97-100.

[64] 杨建华, 侯宏. 基于BP神经网络的弱信号提取方法研究[J].数据采集与处理,1997,12（3）: 163-166.

[65] 行鸿彦, 吴慧, 刘刚. 微弱信号检测的变尺度Duffing振子方法[J].电子学报,48

(4):734:742.

[66] 石兆羽, 杨绍普, 赵志宏. 基于 Van der Pol-Duffing 振子和互相关的微弱信号检测研究[J].石家庄铁道大学学报（自然科学版）,32（2）:66-71.

[67] 胡茑庆. 随机共振微弱特征信号检测理论与方法[M]. 北京: 国防工业出版社.

[68] 石鹏, 冷永刚, 范胜波, 等. 双稳系统处理微弱冲击信号的研究[J]. 振动与冲击. 2012,31（06）:150-154.

[69] 王荔檬. 基于随机共振的滚动轴承故障弱信号的提取[J]. 西安工程大学学报,2020,34（04）:86-91.

[70] 王慧, 张刚, 张天骐. 改进型双稳随机共振系统及其在轴承故障诊断的应用[J]. 西安交通大学学报,2020,54（04）:110-117.

[71] 黄咏梅, 林敏. 基于外差式随机共振的涡街频率检测方法[J]. 机械工程学报, 2008,（04）:138-142.

[72] 丁君鸿, 黄咏梅, 林敏. 小流量涡街信号的随机共振特性与频率检测方法[J]. 仪表技术与传感器. 2016,（05）:103-106.

[73] 马石磊, 王海燕, 申晓红, 等. 复杂海洋环境噪声下甚低频声信号检测方法[J]. 兵工学报. 2020,41（12）:2496-2503.

[74] He D, Lin Y, He C, et al. A novel spectrum-sensing technique in cognitive radio based on stochastic resonance[J]. IEEE Transactions on Vehicular Technology, 2010, 59（4）: 1680-1688.

[75] Li Q. A novel sequential spectrum sensing method in cognitive radio using suprathreshold stochastic resonance[J]. IEEE Transaction on Vehicular Technology, 2014,63（4）:1717-1725.

[76] 高锐. 复杂电磁环境下的信号检测技术研究[D]. 西安电子科技大学军事通信学学科博士学位论文,2015.

[77] 梁琳琳. 基于非线性随机共振的数字信号检测技术研究[D]. 西安电子科技大学军事通信学学科博士学位论文, 2018.

[78] 李海霞, 等. 跳频信号的迭代随机共振解调算法.系统仿真学报[J]. 2018,30（1）:341-347.

[79] Chechkin A, et al. Bifurcation, bimodality, and finite variance in confined Levy flights[J]. Phys. Rev. E,2003,67:010102.

[80] Paola M D, Failla G. Stochastic response of linear and non-linear system to alpha-stable Levy white noises[J]. Probabilist.eng.mech,2005,20: 128-135.

[81] Zeng L Z, et al. Effects of Levy noise in aperiodic stochastic resonance. Journal of Physics a-Mathematical and Theoretical[J]. 2007,40:7175-7185.

[82] 张文英. 基于随机共振的 Levy 噪声中弱周期信号的检测研究[D]. 上海交通大学控制理论与控制工程学科硕士学位论文, 2009.

[83] Kuhwald I, Pavlyukevich I. Stochastic resonance in systems driven by α-Stable lévy noise. Procedia Engineering[J]. 2016,144:1307-1314.

[84] 黄家闽. 稳定分布噪声背景下非线性系统的随机共振现象研究[D]. 浙江大学博士学位论文, 2012.

[85] 张广丽, 吕希路, 康艳梅. 稳定噪声环境下过阻尼系统中的参数诱导随机共振现象[J]. 物理学报, 2012, 61（4）:040501.

[86] Liu Y L, Liang J, Jiao S B, et al. The phenomenon of tristable stochastic resonance driven by α-noise. Indian Academy of Sciences[J]. Pramana-J. Phys. 2017,89:73.

[87] Liu Y J, Wang F Z, Liu L, et al, Symmetry tristable stochastic resonance induced by parameter under levy noise background[J]. Eur. Phys. J. B.,2019,92:168.

[88] 张刚, 宋莹, 张天骐. Levy 噪声驱动下指数型单稳系统的随机共振特性分析[J]. 电子与信息学报, 2017, 39（4）:893-900.

[89] 焦尚彬, 李佳, 张青, 等. 稳定噪声下时滞非对称单稳系统的随机共振.系统仿真学报[J]. 2016,28（1）:139-146.

[90] 焦尚彬, 等. 稳定噪声下一类周期势系统的振动共振. 物理学报[J]. 2017,66（10）:100501.

[91] 焦尚彬, 杨蓉, 张青, 等. α 稳定噪声驱动的非对称双稳随机共振现象[J]. 物理学报,2015,64（02）:020502.

[92] 焦尚彬, 任超, 黄伟超, 等. α 稳定噪声环境下多频微弱信号检测的参数诱导随机共振现象[J]. 物理学报. 2013,62（21）:210501.

[93] 焦尚彬, 任超, 李鹏华, 等. 乘性和加性 α 稳定噪声环境下的过阻尼单稳随机共振现象[J]. 物理学报,2014,63（07）:070501.

[94] Liu L, Wang F Z, Liu Y J. Levy noise-driven stochastic resonance in a coupled monostable system[J]. Eur. Phys. J. B.,2019,92:11.

[95] 贺利芳, 周熙程, 张刚, 等. Levy 噪声下新型势函数的随机共振特性分析及轴承故障检测[J]. 振动与冲击, 2019,38（12）:53-62.

[96] 刘运江, 王辅忠, 刘露. Levy 噪声背景下级联系统中弱信号的提取[J]. 计算及测量与控制, 2019,27（1）:190-194.

[97] 胡岗. 随机力与非线性系统[M]. 上海: 上海教育出版社, 1994.

[98] Risken H. The Fokker-Planck Equation[M]. BerLin: Springer-Verlag,1984.

[99] Feller W. An introduction to probability theory and its applications[M]. New York:Wiley, 1966.

[100] Fogedby H C. Levy flights in random environments[J]. Phys. Rev. Lett, 1994, 73:2517-2520.

[101] Fogedby H C. Levy Flights in quenched random force fields[J]. Phys. Rev. E, 1998,

58:1690-1712.

[102] Chechkin A, et al. Stationary states of non-linear oscillators driven by Levy noise[J]. Chemical Physics.2002,284: 233-251.

[103] Klafte J, Blumen A, Shlesinger M F. Stochastic pathway to anomalous diffusion[J]. Phys. Rev. E,1987,35:3081-3085.

[104] Paola M Di, Failla G. Stochastic response of linear and non-linear system to alpha-stable Levy white noises[J]. Probabilistic Engineering Mechanics, 2005,20: 128-135.

[105] Meerschaert M M, Tadjeran C. Finite difference approximations for two-sided space-fractional partial differential equations[J]. Applied Numerical Mathematics, 2006,56:80-90.

[106] Samko S G, Kilbas A A, Marichev O I. Fractional Integrals and Derivatives Theory and Applications[M]. New York:Gordon and Breach, 1993.

[107] Podlubny I. Fractional differential equations[M]. San Diego:Academic, 1998.

[108] Janicki A, Weron A. Simulation and chaotic behavior of α-stale stochastic processes[M]. BocaRaton:CRC,1994.

[109] Weron A, et al. Complete description of all self-similar models driven by Levy stable noise[J]. Phys. Rev. E,2005,71:016113.

[110] Lauber W R, Bertrand J M. HF atmospheric noise levels in the Canadian Arctic [J]. IEEE Transaction on electromagnetic compatibility, 1994, 36（2）: 104-109.

[111] 邓维波, 刘兴钊, 于长军. 环境噪声测试方法及测试数据 [J]. 哈尔滨工业大学学报, 2001, 33（3）: 372-374.

[112] 孙萍, 辛刚, 张水莲. 一种宽带短波信道建模方法的研究与仿真 [J]. 信息工程大学学报, 2009, 10（3）: 344-347.

[113] Giesbrecht J E. An empirical study of HF noise near adelaide australia [C] // The Institution of Engineering and Technology 11th International Conference on Ionospheric radio Systems and Techniques. 2009: 1-5.

[114] Leferink F, Silva F, Catrysse J. Man-made noise in our living environments [J]. Radio Science Bulletin, 2010, 334（12）: 49-57.

[115] Blackard K L, Rappaport T S, Bostian C W. Measuermens and models of radio frequency impulsive noise for indoor wireless communications[J]. IEEE Journal on Selected Areas in Communication, 1993, 11（7）: 991-1001.

[116] Button M D, Gardiner J G, Glover I A. Measurement of the impulsive noise environment for satellite-mobile radio systems at 1.5 GHz[J]. IEEE Transaction on vehicular Technology, 2002, 51（3）: 551-560.

[117] Bertocco M, Paglierani P. Nonintrusive measurement of impulsive noise in telephone- type

networks[J]. IEEE tranascations on Instrumentation and Measurement, 1998, 47（4）: 864-868.

[118] Ahandra A. Measurements of radio impulsive noise from various sources in all indoor environment at 900MHz and 1800MHz[J]. The 13th IEEE International Symposium on Personal, Indoor and Mobile Radio Communications, 2002, 2: 639-643.

[119] Field E, Lewinstein M. Amplitude-probability distribution model for VLF/ELF atmospheric noise[J]. IEEE Transactions on Communications, 1978, 26（1）: 83-87.

[120] Shinde M, Gupta S. Signal detection in the presence of atmospheric noise in tropics[J]. IEEE Transactions on Communications, 2003, 22（8）: 1055-1063.

[121] Bouvet M, Schwartz S C. Comparison of adaptive and robust receivers for signal detection in ambient underwater noise[J]. IEEE Transactions on Acoustics Speech & Signal Processing, 1989, 37（5）: 621-626.

[122] Stuck B W, Kleiner B. A statistical analysis of telephone noise[J]. Bell Labs Technical Journal, 2013, 53（7）: 1263-1320.

[123] Ilow J. Signal processing in alpha-stable noise environments: noise modeling, detection and estimation[J]. Electronics and Electrical Engineering, 2010, 41（8）: 5223-5230.

[124] Pierce R D. Application of the positive alpha-stable distribution[C]. IEEE Signal Processing Workshop on Higher-Order Statistics Proceedings, Banff, Alberta, Canada, 1997, 420-424.

[125] Furutsu K, et al. On the theory of amplitude distribution of impulsive random noise[J]. Journal of Applied Physics, 1961, 32（7）: 1206-1221.

[126] Chrissan D A, et al. A clustering poisson model for characterizing the interarrival times of sferics[J]. Radio Science, 2003, 38（4）: 1701-1714.

[127] Nikias C L, Shao M. Signal processing with alpha stable distribution and application[M]. New York: John Wiley and Sons, Inc, 1995.

[128] Levy P. Calcul des probabilites[M]. Paris: Gauthier-Vfllars, 1925.

[129] Shao M, Nikias C L. Signal detection in impulsive noise based on stable distributions[C]//The Twenty-Seventh Asilomar Conference on Signals, Systems and Computers Processings Proceedings, Paris, 1993, 218-222.

[130] Tsihrintzis G A, Nikias C L. Signal detection in incompletely characterized impulsive noise modeled as a stable process[C]//IEEE Milcom Conference Proceedings, Fort Monmouth, USA, 2002, 271-275.

[131] Tsakalides P, Nikias C L. Wideband array signal processing with alpha-stable distributions[C] //IEEE Milcom Conference Proceedings, San Diego, CA, USA, 2002: 135-139.

[132] Chitre M, Kuselan S, Pallayil V. Ambient noise imaging in warm shallow waters, robust

statistical algorithms and range estimation[J]. Journal of the Acoustical Society of America, 2012, 132（2）: 838-847.

[133] Nedev N H. Analysis of the impact of impulse noise in digital subscriber line systems univers[J]. University of Edinburgh, 2003, 52（8）: 876-880.

[134] Lin J, Pande T, Kim I H, et al. Robust transceiver to combat periodic impulsive noise in narrowband powerline communications[C]. //IEEE International Conference on Communications, London, 2015, 752-757.

[135] 邱天爽, 张旭秀, 李小兵, 等. 统计信号处理: 非高斯信号处理及其应用 [M]. 北京: 电子工业出版社, 2004.

[136] Masry E. Alpha-stable signals and adaptive filtering[J]. IEEE Transactions on Signal Processing, 2002,48（11）:3011-3016.

[137] Belge M, Miller E L. A sliding window RLS-like adaptive algorithm for filtering alpha-stable noise[J]. IEEE Signal Processing Letters. 2000,7（4）:86-89.

[138] Fama E F, Roll R. Some properties of symmetric stable distribution[J]. J. Amer. Stat. Assoc, 1968, 63:817-836.

[139] Miller G. Properties of certain symmetric stable distribution[J]. J. Multivariate Anal, 1978,8: 346-360.

[140] Zolotarev V M. Mellin-Stieltjes transforms in probability theory[J]. Theory of Probability and Applications. 1957, 2（4）: 433-460.

[141] Zolotarev V M. On representation of stable laws by integrals[J]. Selected Translations in Mathematical Statistics and Probability. 1966, 6: 84-88.

[142] Cambanis S, Miller G. Linear problems in pth order and stable processes[J]. SIAM Journal on Applied Mathmatics. 1981, 41（1）: 43-69.

[143] Ma X, Nikias C L. Parameter estimation and blind channel identification in impulsive signal environments[J]. IEEE Transactions on Signal Processing. 1995, 43（11）: 2884-2897.

[144] Xinyu Ma, Chrysostomos L N. Parameter estimation and blind channel identification in impulsive signal environments[J]. IEEE Transactions on Signal Processing,1995,43（12）: 2884-2897.

[145] 卢志恒, 林建恒, 胡岗. 随机共振问题Fokker-Planck方程的数值研究[J]. 1993, 42（10）: 1556-1566.

[146] Ryo I. Approximation to a Fokker-Planck equation for the brownian motor [J]. Physical Review E, 2018, 97（6）:062111（1-7）.

[147] 孙忠志, 高广花. 分数阶微分方程的有限差分法[M]. 北京: 科学出版社, 2015.

[148] 曾令藻. 反常过程中的非周期随机共振理论[D].浙江大学博士学位论文, 2008.

[149] Chen H, Varshney P K, Kay S, et al. Noise enhanced nonparametric detection[J]. IEEE Transactions on Information Theory, 2009, 55（2）: 499-506.

[150] Chialvo D R, Longtin A, Muller G. J. Stochasticresonance in models of neuronal ensembles[J].Physical Review E, 1997, 55（2）: 1798-1808.

[151] Collins J J, Chow C C, Imhoff T T. Aperiodic stochastic resonance in excitable systems[J]. Physical Review E, 1995,52（4）: R3321-R3324.

[152] 王硕, 王辅忠, 尚金红. 基于随机共振理论对2FSK信号输出误码率的研究[J]. 振动与冲击, 2017, 36（19）: 8-12.

[153] 尚金红, 王辅忠, 张光璐. 基于随机共振的2PSK信号相干接收误码率的研究[J]. 应用声学, 2015, 34（6）: 495-500.

[154] Chapeau B F. Noise-enhanced capacity via stochastic resonance in an asymmetric binary channel[J]. Physical Review E, 1997, 55（2）:2016-2019.

[155] 张明友. 信号检测与估计[M]. 北京：电子工业出版社, 2013.

[156] 中华人民共和国国家军用标准. GJB/J 3602-99. 误码率测试仪检定规程[S], 北京：中国人民解放军总装备部,1990.

[157] Kailath T, Poor H V. Detection of stochastic processes[J]. IEEE Transactions on Information Theory, 1998, 44（6）:2230-2231.

[158] Galdi V, Pierro V, Pinto I M. Evaluation of stochastic-resonance-based detectors of weak harmonic signals in additive white Gaussian noise[J]. Physical review E, 1998, 57（6）: 6470-6479.

[159] Steeve Z, Pierre O A. On the use of stochastic resonance in sine detection[J]. Signal Processing, 82（2002）353-367.

[160] Chen H, Pramod K V, Steven M K, et al. Theory of the stochastic resonance effect in signal detection: Part I—fixed detectors[J]. IEEE Transactions on Signal Processing, 2007, 55（7）: 3172-3184.

[161] Chen H, Pramod K V. Theory of the stochastic resonance effect in signal detection-Part II: variable detectors[J]. IEEE Transactions on Signal Processing, 2008, 56（10）:5031-5041.

[162] He D, Lin Y, He C, et al. A novel spectrum-sensing technique in cognitive radio based on stochastic resonance[J]. IEEE Transactions on Vehicular Technology, 2010, 59（4）: 1680-1688.

[163] Zhang Z R, Kang Y M, Xie Y. Stochastic resonance in a simple threshold sensor system with alpha stable noise[J]. Communications in Theoretical Physics, 61（5）:578-582.

[164] Steven M K. 统计信号处理基础——估计与检测理论（卷I、卷II合集）[M]. 罗鹏飞, 等译. 北京：电子工业出版社, 2014.

[165] Tougaard J. Signal detection theory, detectability and stochastic resonance effects[J]. Biological cybernetics, 2002, 87（2）: 79-90.

[166] Kougioumtzoglou I A, Spanos P D. Response and first passage statistics of nonlinear oscillators via a numerical path integral approach[J]. J. Eng. Mech., 2013,139:1207-1217.

[167] Bucher C, Sichani M T, Nielsen S. Efficient estimation of first passage probability of high-dimensional nonlinear systems[J]. Prob. Eng. Mech, 2011,26:539-549.

[168] Di M A, Di P M, Pirrotta A. Path integral solution for nonlinear systems under parametric Poissonian white noise input[J]. Prob. Eng. Mech. ,2015, doi:10.1016/ j.probengmech. 2015.09.020.

[169] Pirrotta A, Santoro R. Probabilistic response of nonlinear systems under combined normal and Poisson white noise via path integral method[J]. Prob. Eng. Mech., 2011,26:26-32.

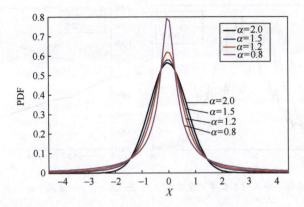

图 3.3　不同 α 取值下 JW 算法生成 α 稳定分布随机数概率分布图

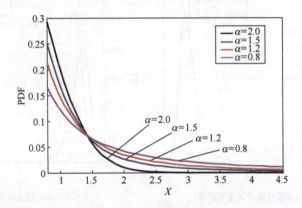

图 3.4　不同 α 取值下 α 稳定分布随机数概率分布局部拖尾图

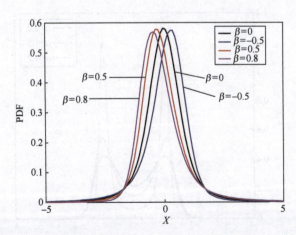

图 3.5　不同 β 取值下 JW 算法生成 α 稳定分布随机数概率分布图

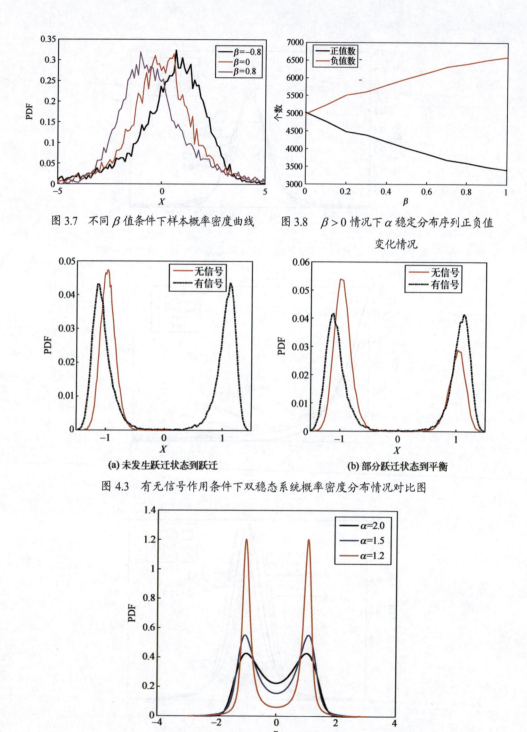

图 3.7 不同 β 值条件下样本概率密度曲线

图 3.8 $\beta>0$ 情况下 α 稳定分布序列正负值变化情况

(a) 未发生跃迁状态到跃迁

(b) 部分跃迁状态到平衡

图 4.3 有无信号作用条件下双稳态系统概率密度分布情况对比图

图 4.4 不同 α 取值时双稳态系统输出概率密度定时有限差分法求解结果

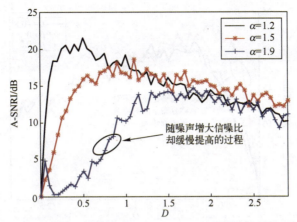

图 4.8　双稳态系统下 α 取值 1.2、1.5、1.9 时 A-SNRI 与噪声强度 D 的关系

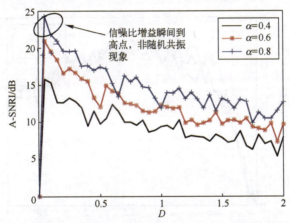

图 4.9　双稳态系统下 α 取值 0.4、0.6、0.8 时 A-SNRI 与噪声强度 D 的关系

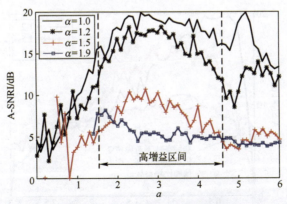

图 4.10　不同噪声条件下，固定 $b=1.3$，a 取不同值时信噪比增益情况

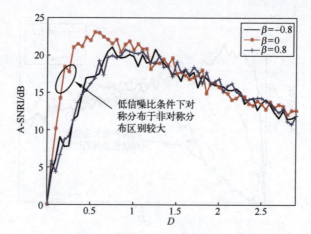

图 4.11 $\alpha=1.5$、$A=0.1$ 时不同偏斜噪声条件下随机共振效果

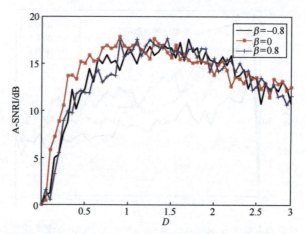

图 4.12 $\alpha=1.5$、$A=0.2$ 时不同偏斜噪声条件下随机共振效果

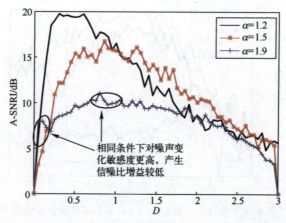

图 4.14 对称三稳态系统下不同噪声条件时 A-SNRI 与噪声强度 D 的关系

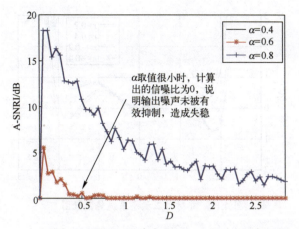

图 4.15 对称三稳态系统下不同噪声条件时 A-SNRI 与噪声强度 D 的关系

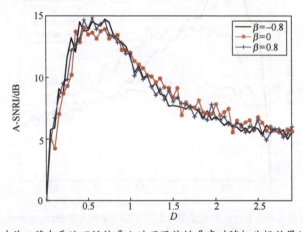

图 4.16 对称三稳态系统下低信噪比时不同偏斜噪声对随机共振效果的影响分析

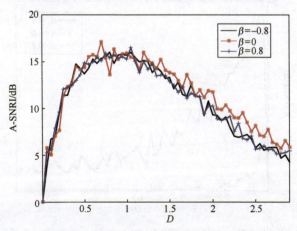

图 4.17 对称三稳态系统下较高信噪比时不同偏斜噪声对随机共振效果影响分析

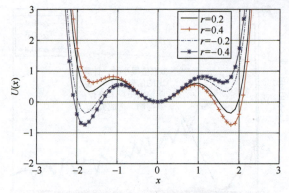

图 4.18 非对称三稳态系统势函数图

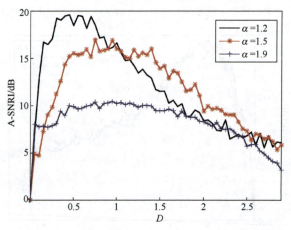

图 4.19 非对称三稳态系统 α 取值分别为 1.2、1.5、1.9 时 A-SNRI 与噪声强度 D 关系图

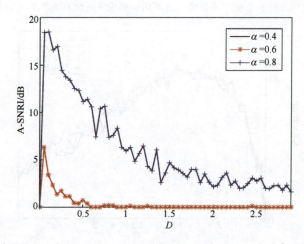

图 4.20 非对称三稳系统 α 取值分别为 0.4、0.6、0.8 时 A-SNRI 与噪声强度 D 关系图

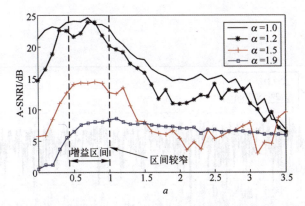

图 4.21 不同噪声条件下固定 b、c、r 时 a 取不同值时信噪比增益情况

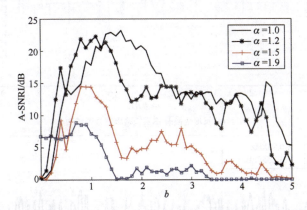

图 4.22 不同噪声条件下固定 a、c、r 时 b 取不同值时信噪比增益情况

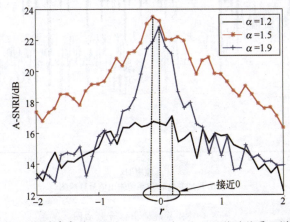

图 4.23 不同噪声条件下固定 a、b、c 时 r 取不同值时信噪比增益情况

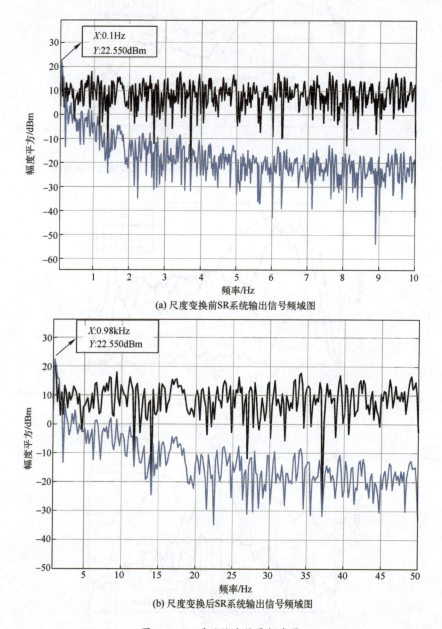

图 5.3 SR 系统输出信号频域图

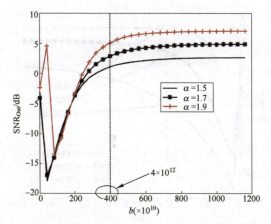

图 5.5 中频信号幅度 $A=0.2$ 条件下 $a=10000$ 时 SR 系统输出 SNR 随参数 b 变化情况

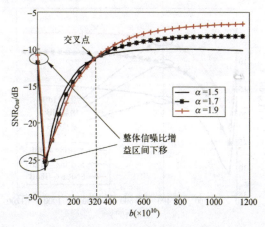

图 5.6 中频信号幅度 $A=0.1$ 条件下 $a=10000$ 时 SR 系统输出 SNR 随参数 b 变化情况

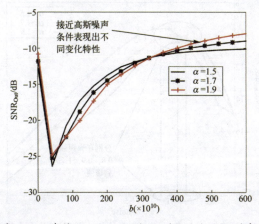

图 5.7 中频信号幅度 $A=0.1$ 条件下 $a=10000$ 时 SR 系统输出 SNR 随参数 b 变化情况局部图

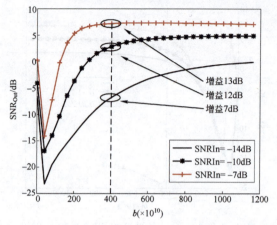

图 5.8 不同输入信噪比条件下输出 SNR 增益情况

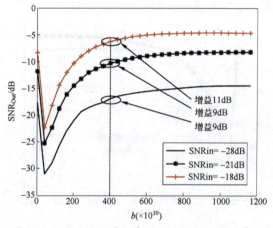

图 5.9 不同输入信噪比情况下输出 SNR 增益情况

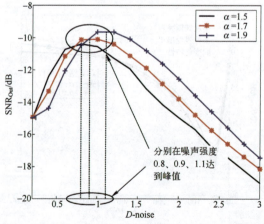

图 5.10 不同噪声脉冲性条件下 SR 系统输出信噪比与噪声强度关系图

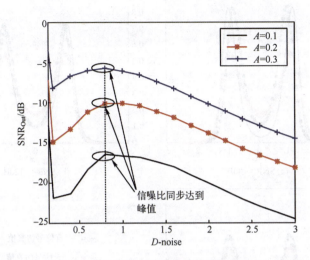

图 5.11 不同输入信号幅值相同噪声脉冲性条件下 SR 系统输出信噪比与噪声强度关系图

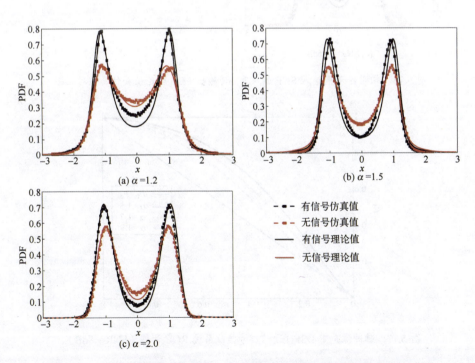

图 5.15 相同 SNR 不同 α 情况时，SR 输出信号 PDF 理论值和仿真值对比图

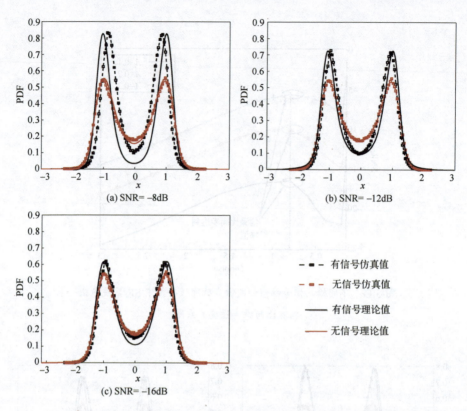

图 5.16 相同 α 不同输入 SNR 情况时 SR 输出 PDF 理论值和仿真值对比图

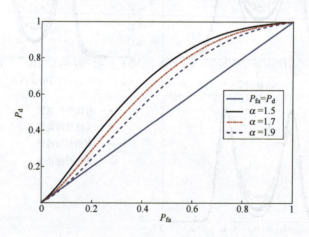

图 5.17 脉冲噪声下 DSFH 通信信号接收系统 ROC 曲线（SNR=-8dB）

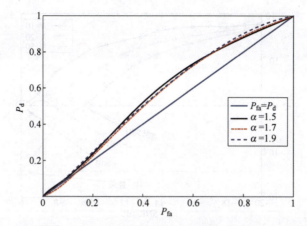

图 5.18 脉冲噪声下 DSFH 通信信号接收系统 ROC 曲线（SNR=-16dB）

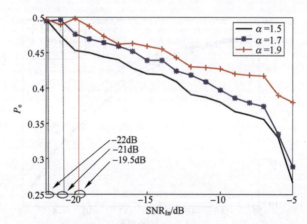

图 5.19 不同噪声条件下 DSFH 系统接收误码率与输入信噪比关系

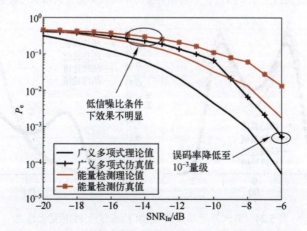

图 5.21 广义能量多项式与一般能量检测方法误码率对比图

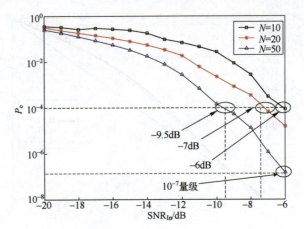

图 5.22 不同判决点数 N 的情况下误码率与输入信噪比关系

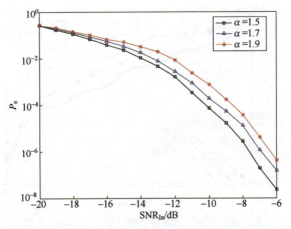

图 5.23 $N=50$ 时，不同噪声条件下误码率与输入信噪比关系

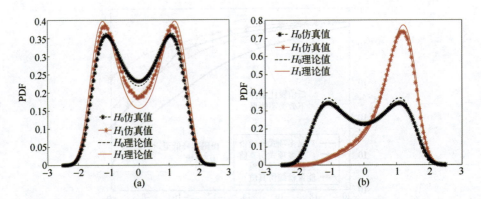

图 5.24 引入符号函数前后 SR 输出信号 PDF 变化情况

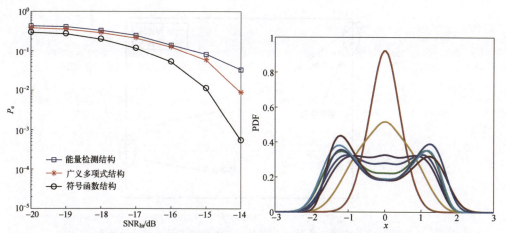

图 5.25　符号函数、广义能量多项式、一般能量检测误码率对比图

图 6.2　SR 系统输出概率密度动态演化过程

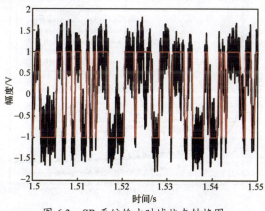

图 6.3　SR 系统输出时域状态转换图

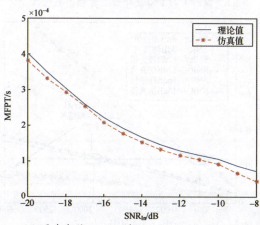

图 6.4　固定噪声条件 $\alpha=1.9$ 情况下 MFPT 与输入信噪比关系

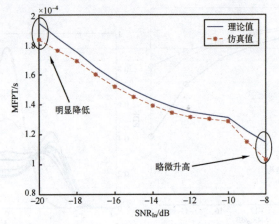

图 6.5 固定噪声条件 $\alpha=1.5$ 情况下 MFPT 与输入信噪比关系

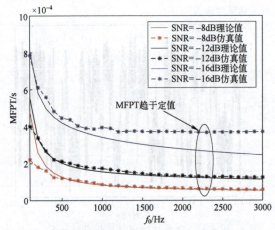

图 6.6 MFPT 与 DSFH 中频信号频率相关性分析

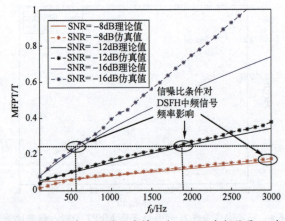

图 6.7 MFPT 占比信号周期情况与 DSFH 中频信号 f_0 关系